中吉联合

· 超级思维训练营系列丛书 ·

大侦探的思维之谜

DAZHENTAN DE SIWEIZHIMI

谢冰欣 ◎ 编 著

破解思维之谜 ——☆—— 做金牌大侦探

中国出版集团 现代出版社

图书在版编目(CIP)数据

大侦探的思维之谜 / 谢冰欣编著. —北京:现代出版社,
2012.12(2021.8 重印)
(超级思维训练营)
ISBN 978-7-5143-0981-2

Ⅰ.①大… Ⅱ.①谢… Ⅲ.①思维训练-青年读物②思维训练-少年读物 Ⅳ.①B80-49

中国版本图书馆 CIP 数据核字(2012)第 275720 号

作　　者　谢冰欣
责任编辑　张　晶
出版发行　现代出版社
通讯地址　北京市安定门外安华里 504 号
邮政编码　100011
电　　话　010-64267325　64245264(传真)
网　　址　www.xdcbs.com
电子邮箱　xiandai@cnpitc.com.cn
印　　刷　北京兴星伟业印刷有限公司
开　　本　700mm×1000mm　1/16
印　　张　10
版　　次　2012 年 12 月第 1 版　2021 年 8 月第 3 次印刷
书　　号　ISBN 978-7-5143-0981-2
定　　价　29.80 元

前　言

每个孩子的心中都有一座快乐的城堡,每座城堡都需要借助思维来筑造。一套包含多项思维内容的经典图书,无疑是送给孩子最特别的礼物。武装好自己的头脑,穿过一个个巧设的智力暗礁,跨越一个个障碍,在这场思维竞技中,胜利属于思维敏捷的人。

思维具有非凡的魔力,只要你学会运用它,你也可以像爱因斯坦一样聪明和有创造力。美国宇航局大门的铭石上写着一句话:“只要你敢想,就能实现。”世界上绝大多数人都拥有一定的创新天赋,但许多人盲从于习惯,盲从于权威,不愿与众不同,不敢标新立异。从本质上来说,思维不是在获得知识和技能之上再单独培养的一种东西,而是与学生学习知识和技能的过程紧密联系并逐步提高的一种能力。古人曾经说过:“授人以鱼,不如授人以渔。”如果每位教师在每一节课上都能把思维训练作为一个过程性的目标去追求,那么,当学生毕业若干年后,他们也许会忘掉曾经学过的某个概念或某个具体问题的解决方法,但是作为过程的思维教学却能使他们牢牢记住如何去思考问题,如何去解决问题。而且更重要的是,学生在解决问题能力上所获得的发展,能帮助他们通过调查,探索而重构出曾经学过的方法,甚至想出新的方法。

本丛书介绍的创造性思维与推理故事,以多种形式充分调动读者的思维活性,达到触类旁通、快乐学习的目的。本丛书的阅读对象是广大的中小学教师,兼顾家长和学生。为此,本书在篇章结构的安排上力求体现出科学性和系统性,同时采用一些引人入胜的标题,使读者一看到这样的题目就产生去读、去了解其中思维细节的欲望。在思维故事的讲述时,本丛书也尽量使用浅显、生动的语言,让读者体会到它的重要性、可操作性和实用性;以通俗的语言,生动的故事,为我们深度解读思维训练的细节。最后,衷心希望本丛书能让孩子们在知识的世界里快乐地翱翔,帮助他们健康快乐地成长!

目　录

第一章　无言的说谎者

第二章　神奇的推导者

第三章　细节中的真相

第四章　天道之网恢恢

第一章　无言的说谎者

满地的碎玻璃

有一天，A 城的某家工厂报案，厂里发生了盗窃案，原本放在财务科保险箱内的 10 万元现金不翼而飞了。

罗根和警察赶到现场，只见办公室的玻璃窗被打碎了，满地都是碎玻璃碴。现场推测大概是小偷入室盗窃。

当晚值班的保安对警察说："我觉得一定是后半夜进来盗窃的，因为凌晨我曾来这个走廊巡查，门窗和门锁都是完好无损的。"

警察追问道："你肯定是这样的吗？"

保安点点头："当然，我还顺手拉上了窗帘呢。"

警察指了指地上的玻璃碴："地上那么多碎玻璃碴，想必当时的声响一定很大！你会没有察觉到周遭的变化吗？"

"没有，"保安摇了摇头说，"厂房边上有条铁路，也许小偷趁过火车时把窗子敲碎，趁机凿开保险箱。火车轰鸣声遮住了巨大的碎玻璃声。"

一直站在旁边的罗根突然打了个响指，冲着保安说："别再说谎了，小偷就是你！"

你知道罗根是如何做出判断的吗？

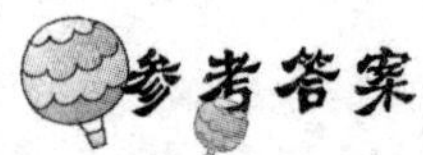

参考答案

保安说他在巡查时拉上了窗帘。如果真的是那样，在玻璃窗被打碎的时候，窗帘会挡住碎玻璃碴，根本不会落得满地都是。所以罗根判断这个人在说谎。

列车上的抢劫案

在特快列车邮政车厢里，一包商人托运的珍贵古董被人抢了。大侦探波罗刚巧在这列火车上。他赶到被劫的车厢，却只发现两个抽剩的烟头。

波罗让值班员皮特回忆一下当时的情景。皮特说：“中午，邮递员送来一个邮包，说里面有很贵重的东西，让我重点看管。”

皮特显得有点紧张，他喝了口水接着说：“火车行驶了一会儿，有人敲门，先是轻敲两下，然后是三下重的。我以为是乘务员，便随手将门打开，可是闯入的是两个戴头套的人，头套上只露出两只眼睛。他们没等我缓过神来就将我打倒了。他们每人叼了一支烟，似乎说了些什么，但是火车上杂音太大了，我没听清楚……”

波罗听到这里摆摆手说：“皮特先生，这起抢劫案中，你是最大的嫌疑犯，因为你刚才编的这段话里漏洞实在太多了……”

皮特的话里到底泄露了哪些问题呢？

参考答案

一、明明说头套上只露出两只眼睛，怎么可能吸烟呢？

二、后面说听不清他们的对话，又如何听清门外的那两声轻轻的敲门声呢？话里自相矛盾的地方太明显了，稍加留意就知道他在说谎。

公园里的枪杀案

福伦驾驶着警车，正在一个公园附近巡逻。今天是星期天，天气很好，所以一大早，孩子们就跟着大人们，蹦蹦跳跳地跑到公园，欢呼着往儿童乐园跑去。头发银白的老人们，相互搀扶着，一边唠叨着什么，一边慢吞吞地走到树林边，尽情地享受着好天气。

金斯基是一位刚刚退休的银行家，他已经无须早上一睁开眼睛就忙碌到天黑。现在他每天起床的第一件事，就是到公园里散步。公园离家不远，只有5分钟的路程。

两辆轿车在公园门口发生了碰撞。福伦警长立刻停住警车，下了车准备跑过去处理。这时，公园里突然传来一声枪响，接着是人们的惊叫声："不好啦！有人被杀了！"

福伦警长立马转身往公园里奔去。等他赶到现场时，只看见金斯基头部中了两枪，倒在地上，警长摸了摸脉搏确定他已经死了。

福伦警长询问围观的人，大多数人都说，是听到枪响后才赶过来的，谁也没真的看到凶手。

这时，有个人突然找到了福伦警长，对他说："我叫约尼尔，是公园里的清洁工。我有重要线索向您报告。"约尼尔说："案发时，我在河对面扫地，我看到有个陌生人和死者谈话。他的声音很轻，但是

金斯基的声音却很大，等我刚转过身去的时候，枪声就响起了。”

福伦警长想了想，于是指着河对面的两个人问：“你听到他们在说什么吗？”

约尼尔说：“距离这么远，我怎么可能听得见呢？”

福伦警长听了之后说：“我觉得你就是杀人凶手！”

福伦警长为什么会指证约尼尔就是凶手呢？

参考答案

约尼尔说自己根本听不到河对岸两个人的谈话，又怎会自相矛盾地说他知道河这边人说话的声音很轻呢？

杀手是侄女

洛杉矶市的一家小旅馆里，发生了一起凶杀案。那天上午，旅馆服务员到 308 房间打扫卫生，可是门铃响了很久，还是没有任何回应。服务员只好硬着头皮用备用钥匙开门进去，进去后她发现一位胸口插了一把尖刀的老人倒在地上。服务员的惊叫声引来了经理，随后警察也赶了过来。

洛杉矶警方通过调查，知道老人名叫温尼特，是从纽约来旅游的，来的时候有个女人陪着他，但是现在这个神秘的女人失踪了。

老人的被杀让警方一筹莫展，于是就把案情通知了纽约警察局。纽约警察局的肖恩探长查看了温尼特的档案后，发现老人没有孩子，只有一个侄女海莉。海莉是一家小店的老板，也是老人财产的唯一继承人。

肖恩探长来到侄女海莉的小店，出示了证件，然后问她：“您是

不是有一个叫温尼特的叔叔?”海莉好像很吃惊，反问说:“您怎么知道我有个叔叔?”肖恩探长说:“我们刚刚接到报案，他在外地不幸去世了。”海莉一听，伤心地哭起来:“天哪，我的好叔叔啊，你怎么就离开我了啊!”

等海莉稍稍平静了，他又问道:“您的叔叔到外地去旅游，您事先知道吗?”海莉擦了擦眼泪，摇摇头说:“我一点儿也不知道，叔叔他一直住在纽约，为什么要到洛杉矶去呢?平时我经常去看望他，最近因为生意忙，有一个星期没有去看他了，没想到竟然……”海莉说着又哭了起来。

肖恩探长没有任何同情的情绪，反而严肃地说道:“即使你是再好的演员，也掩盖不了事情的真相!”

为什么肖恩探长怀疑海莉是凶手呢?

参考答案

肖恩探长始终都没有说温尼特死于哪个城市，而海莉也很明白地说了她并不知道叔叔去旅行了，后来又说他到洛杉矶去了，说明她在撒谎。她为了早日得到财产，杀害了叔叔。

雪地里的谋杀案

大雪下了整整一天，傍晚也不停，地上的雪积得厚厚的。

刚吃过晚饭的山本警长，突然接到报警电话。报案的是国立大学的稻叶教授。他紧张地说:“警长先生，我、我的学生贞子……被人杀害了!”

警长问:“你在哪里?”

稻叶教授说："我就在那名学生的寝室里，学生公寓 1501 号房间……"

山本警长驾驶着警车，往国立大学赶去。路上的雪很厚，为了防止交通事故，警长小心翼翼地开着车。大约 15 分钟后，山本来到了案发现场，敲了敲 1501 号房间的门，稻叶教授跑来开了门。山本警长走了进去，戴上手套，仔细检查现场。验尸后大家发现死者死于颈部窒息，并且已经死了一个多小时。

稻叶教授的身材虽然很瘦小，但是说话的声音却很响亮。

他告诉警长说："贞子是我的学生。就在今天下课以后，她还到我办公室来过，想请我帮她修改她的毕业论文。我答应了，于是和她约好晚上 7 点钟到我家里来。她说她的舍友今天晚上都不在，她一个人有些害怕，让我还是到她宿舍去。我同意了。吃过晚饭后，我准时 7 点来到她的宿舍，按了很久的门铃，但是没人答应。我轻轻地推了一下，发现门没有锁，于是就进去了，然后我就看到贞子躺在地上，已经停止了呼吸。我马上报了警。"

山本警长走到门外，望着门口雪地上的脚印，除了他的以外，只有两串脚印，一串是浅浅的女鞋脚印，离公寓而去，显然是贞子的；另外还有一串很深的脚印，那是教授皮鞋留下的。

凶手的脚印呢？怎么会没有留下呢？山本警官看了看身材瘦小的教授，嘴角露出浅浅的笑。

请你猜猜凶手的脚印到底留在了哪里？

参考答案

其实教授留下的脚印就是凶手的脚印。教授很瘦小，但是脚印却很深很深。真相就是：教授把女学生叫到家里，杀了她以后，自己背着她回了贞子的公寓，然后打电话报警。

监狱里的姐妹

“绿林”监狱是一所专门关押轻刑犯的监狱。嘉利与珍妮这对孪生姐妹就在这座监狱里服刑，一个是超市的盗窃犯，一个是毒瘾极大的瘾君子。刚巧，姐妹俩被关在同一间牢房里。

愚人节这一天终于到来，顽皮的姐妹俩约定：姐姐嘉利可以在中午12点前说真话，12点后一定要说假话；而妹妹珍妮则相反。

嘉利与珍妮这对双生花不仅外貌相同，举止细节也如出一辙。如果硬要找出点区别，那就是身高的微弱差别了。除了她们自己，外人很难辨出谁是姐姐，谁是妹妹。所以，当狱警提审其中一位时，自然被糊弄住了。但是他事先知道姐妹两个会搞一些小把戏。

狱警提高声音道：“嘉利出列！”

两个女孩同时向前迈进。

这让狱警十分迷惑。

忽然，狱警问：“现在几点了？”高个女孩说道：“快到正午12点了。”矮个女孩则回答：“已经12点多了。”

听了双胞胎的回答，聪明的狱卒笑了笑，指出了谁是嘉利。

狱警去牢房的时间究竟是上午，还是下午？另外，高个子是嘉利还是珍妮？

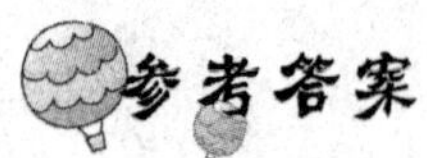

参考答案

当时是上午，并且高个子的女孩就是姐姐嘉利。

假设当时是午后，那么嘉利撒了谎，珍妮说了实话，那么当被问到谁是嘉利时，两人都应该回答“不是我”，但她们说了截然相反的答案，可见，当时是上午，不是下午。

如果当时是上午，那么“快到12点了”这句答话是真话，即稍高的一个是说了真话，而“已经12点多了”则成为谎言，也即稍矮的一个说的是假话。所以，很明显，上午说真话的是嘉利，说假话的是珍妮，也就说明高个女孩是嘉利，稍矮的是珍妮。

为什么用枪柄杀人

清晨，前来送早餐的女仆发现查理士医生的太太梦露沙夫人被杀害了。身穿睡衣的梦露沙夫人倒在了主人卧室的地板上，她的头部似乎遭过重击，已经完全停止了呼吸。

女仆被当场吓晕了，管家马上报了警。因为这是发生在重要人物家中的案件，所以当地警局非常重视。他们派出了警局的精英去处理这件案子，还特地邀请马可侦探前来协助调查。

等马可赶到现场的时候，警局的初步调查已经告一段落。经法医验尸确认，死者是遭钝器锤击后脑，导致颅脑损伤而死亡，死亡时间大约是昨晚11点到12点之间。

警察在现场没有发现任何有用的线索，没有指纹，没有脚印，也没有目击者，像极了古堡幽灵式的恐怖事件，而不是某个人精心策划的谋杀案。

在马可仔细侦查了现场后，凶器在床下被找到了，是一把手枪。经过检验，手枪枪柄上残留着死者的血迹，看来它就是杀死梦露沙太太的凶器。但是，事情变得不那么单纯，因为既然有手枪，那么凶手为什么要舍近求远把它拿来当锤子用呢？这是完全没有道理的。

“天哪，我亲爱的妻子！”刚刚外出归来的查理士医生满脸悲痛。他对侦探说，自己刚从伦敦回来，昨晚在那里参加了一个研讨会，并在伦敦过了夜。接着，他狠狠地拽住马可的手说："马可先生，我愿意拿出5万元来悬赏缉拿真凶！我一定要抓住杀害我妻子的凶手！您一定要帮我！"

马可边安慰查理士医生，边和警探们开始讨论案情。由于线索太少，能够圈出的嫌疑人仅限于仆人和管家，但是很快又都一一排除了。

最后，大家实在找不出答案，只得将希望寄托在大侦探马可身上，期待他能带来一番拨云见日的言论。

马可反复思考关于手枪的问题："凶手可以开枪杀死被害人，他却没有。把手枪当锤子来用这不是非常愚钝吗？那究竟是什么原因呢？"

马可忽然发现了什么，哈哈大笑，对身边的人说："我知道凶手是谁了！"

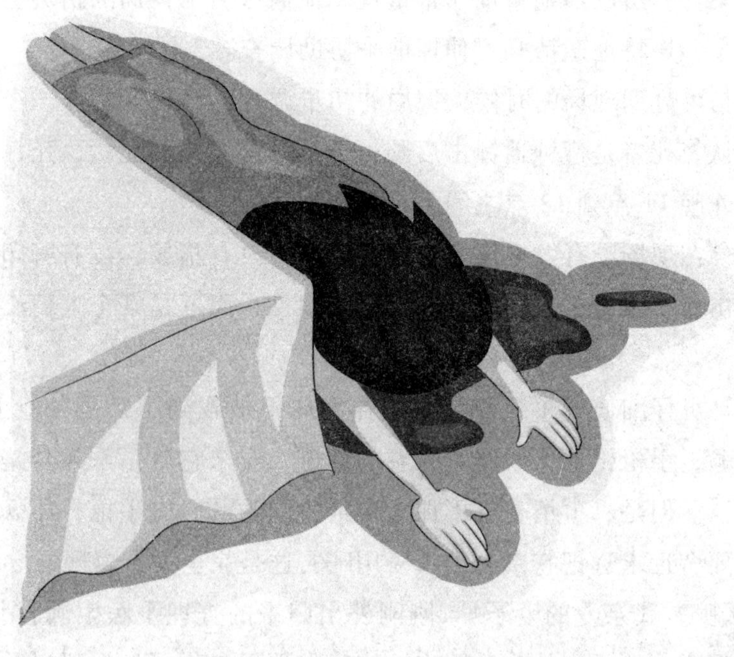

参考答案

凶手害怕弄出声响被人发现，以至于不惜把手枪当锤子用，这点就证明凶手一定是死者身边的人，至少是熟人。

梦露沙太太可以穿着睡衣会客的机会就更少了，所以仆人之前并不知道会有客人来访，说明凶手可以自由出入。作为丈夫的查理士先生一进门，就宣布捉拿砸死梦露沙太太的凶手，又极不合情理。刚刚进屋的男主人应该是对案情一无所知，这么迅速地表态，说明他就算没有杀害妻子，也参与了杀人计划。

惨无人道的杀人碎尸案

很多年前的一个冬夜，几个青年男女看完电影后骑车回家，途径护城河，看到一个 30 岁上下的男子匆匆忙忙、慌慌张张地将一个白色包裹扔进了西侧的护城河里，然后飞快地骑上自行车离开了那里。

这几个人觉得不对劲，又有些好奇，于是在公路桥边停下车，将那个包裹从河里捞了上来。打开一看，几个人都吓得不轻，里面竟然是大小不一、血肉模糊的肉块。他们马上将包送到了公安局。经过检验，确定包内装的都是人的尸块。原来这是一起杀人碎尸案！

第二天清晨，在不远处的另外几个地方也有人发现了类似的装着尸块的包。后经技术部门鉴定，几个包内的尸块是同一个被害人，被害人大概 30 岁，女性。

死者是谁呢？公安机关刑侦大队对当地居民做了详细的调查，并通知了当地的居委会。

某小区的居委会主任陈阿姨和治保主任马大姐接到公安局的通

知，决定挨家挨户摸底探探虚实。当她们来到友谊路冯某家时，两人透过严严实实的窗帘发现屋里亮着暗淡的灯光。她们觉得奇怪，才到晚饭时间，冯家怎么就睡觉了呢？于是，她们轻轻叩了一下门，问："有人在家吗？"

"谁啊，有事吗？"说着门开了一道小缝，冯某探头问。

"你爱人在家吗？"两人问着问着便乘机挤进了屋，发现屋里到处湿漉漉的，挂着刚刚洗过的衣服。

"去娘家了。"冯某满不在乎地回答。

"什么时候去的？"马大姐追问了一句。

"昨天吧。"冯某故意压低了声音，好像不想让人听见他说什么似的；他眼神飘忽，好像急着打发两位大姐离开。马大姐觉得冯某的行为举止异常，联想到屋内晾着这么多衣服，于是，她又问了一句："是今天去的吗？"

"是啊，今天去的。"冯某含糊其辞地应承着。

马大姐越想越觉得可疑，故意又问了一句："你爱人去上班是不是还没有回来啊？"

"是的，还没回家呢！"冯某的回答前言不搭后语。

告别了冯某，两位大姐交换了意见，直奔派出所方向。派出所马上派工作人员到冯某爱人的娘家和她的工作单位查找。事实证明，冯某的爱人既没有在单位上班，也没有回娘家。而且单位同事反映，她已经两天没来上班了。公安人员了解到，路人描述的抛碎尸的人的容貌和身材与冯某极其相似，于是断定冯某是本案的最大嫌疑人。

第二天，公安局对冯某下达了拘捕令。同时，对冯某屋里所晾的衣服作了技术鉴定，发现所挂衣服上残留的血迹和头发 DNA 与碎尸的血迹和 DNA 完全吻合。此外，冯某屋内地板上也发现了相同的血迹。铁证如山，冯某没有再遮掩自己的罪行，招供自己的确杀害了妻子。他怕自己在单位贪污巨款的事情被妻子揭发，所以抢先杀人灭口。

两位大姐是怎么发现冯某有嫌疑的呢?

参考答案

两位老大姐在询问冯某时，冯某一会儿说妻子昨天去了娘家，一会儿又说今天去的娘家，后来又是说去上班还没有回来，他的回答前后矛盾，显然有假。

而有假的回答一定是为了掩盖某种目的，再加上屋里晾的那么多衣服，更让两位有经验的主任对他产生了怀疑。

戈里卧室的电话

吃过午饭，斯科特警长准备休息一会儿。昨天晚上，他因为处理一个盗窃案，忙了一个通宵；今天上午也没有好好休息，现在好不容易才歇下来。不一会儿，他靠在沙发上打起了呼噜。这时，电话好像存心和他作对似的，“丁零零”响了起来。

电话另一头的人焦急地说：“你好，我的朋友戈里刚才打电话对我说，他的女朋友离开了他，所以不想活了，跟我说了一句‘永别了’就挂了电话。”

斯科特警长问道：“那你还不去他家劝他?”

打电话的叫基米。他说：“我没有去过他家，也不知道他家住在哪里，所以只好报警了!”

斯科特警长立刻派人查到了戈里的地址，并且约上基米一起赶往戈里的家。

他们敲了几下门，里面没有反应。斯科特警长用力撞开门，冲进

去一看，戈里已经在自家的客厅里悬梁自尽了。只见这时，基米放声大哭："为什么不等等我，为什么要自杀啊？都是我的错！我要是能早点来就好了！"

斯科特警长戴上手套，开始检查现场。片刻后，警长想给法医打个电话，通知他们来验尸，但是四下却找不到电话。于是，警长拿出一张写了法医电话号码的纸条，交给基米说："基米先生，麻烦您帮我打个电话，让法医马上过来，要快！"

基米接过纸条，二话不说，直接上了楼梯，走进了二楼的主卧去拨打电话。打好电话的基米来到楼下，看到早已掏出手铐的斯科特警长微笑着说："基米先生，你这是自投罗网啊！"

斯科特警长凭什么断定基米就是真凶呢？

参考答案

明明说从来没来过死者家里，怎么会对家中的物件位置——比如电话机——了如指掌呢？这只能说明基米在说谎。

怪盗作案的秘密

满是树林的爱尔兰高原上，有一幢19世纪末建造的别墅。某个夜里，一个蒙面大盗闯入别墅，把住在别墅里的男爵夫妇用绳子捆绑起来关进厕所里，盗走了大量的珠宝。

负责这个案件的是大侦探布莱克。当他知道案发的前一天怪盗阿里在伦敦停留过的消息后，便猜想可能是他作的案。于是布莱克赶到阿里下榻的伦敦饭店。

“阿里先生，上周六晚上你是否夜访了爱尔兰高原的别墅？有人亲眼看见你了，所以你想赖是赖不掉的。”布莱克说道。

“是的，我是去过，有什么事儿吗？”阿里镇定地说道。

“上周六夜里男爵的别墅被一个蒙面强盗给打劫了，男爵一家丢了很多昂贵的珠宝。我想那个罪犯就是你吧？”

“你胡说什么！事件到底是什么时候发生的？”阿里一本正经地反问道。

“罪犯盗走珠宝的时候，还用绳子把男爵夫妇捆起来，把他们关进厕所里。事后男爵说他看到卧室里的钟显示是晚上9点零5分。”

“如果是晚上9点零5分，那我就不可能是强盗了，因为我有当时不在作案现场的证明。那时我正在S车站。”

“噢！看来你对男爵的别墅很熟悉呀！”布朗克讽刺地说。

“去年赛马时应邀去住过一夜。”怪盗阿里强装着笑脸说。

S 车站到爱尔兰高原别墅至少要步行 30 分钟的距离。因此，阿里从 S 车站乘坐 21 点 16 分发的夜班车如果属实，他不在作案现场的证明是成立的。

布莱克侦探已经去过 S 车站，让车站工作人员看过阿里的照片，证明他没有说谎。从 S 车站上车的旅客只有阿里一人，车站工作人员都清楚地记得他。

“阿里先生，如果坐马车的话，就算是 10 分钟也是有办法从别墅到 S 车站的！”布莱克侦探说，“对于你这个诡计多端的人来说，你绝对不会乘坐别人的马车。当然，别墅的马棚有一匹马，并且在马棚的外面还停靠着一辆自行车。”

“你的意思是我使用了这两种工具中的一种？如果那样，我就会把它扔到车站附近的什么地方。你找到马或是自行车了吗？”阿里理直气壮地反驳。

“没有，男爵夫妇在强盗离开一个小时后才挣脱绳索。当主人巡查周遭时发现马和自行车都停在原地，没有动过。”

“但是马棚的门只能从外面推开，从里面是根本推不开的。所以，阿里先生，我已经清楚你搞的是什么把戏了。我觉得如果你能把那批珠宝物归原主，我也许能装作什么都不知道，否则我要报警了。”布莱克威严地说。

听到这里，怪盗阿里再也无法镇定了。老老实实地把珠宝交给了布莱克。

怪盗阿里是用什么交通工具只花 10 分钟就逃到 S 车站的呢？

参考答案

怪盗阿里从别墅利用马匹用最快的时间到 S 车站，搭乘 21 点 16

分的夜班车回伦敦住所，而马则在S车站处就被放开。

而被放的马由于无人看管便自己回到了别墅，又因为马棚的门是由外往里开的，所以马完全可以自己走进马棚。这就是怪盗阿里的诡计。

遗漏的财富

一位苏格兰上校正在为一桩案子而伤脑筋，于是他便约了他的好朋友亨利侦探来帮助他解决这个难题。

此时，上校正向好朋友谈论着这一桩令他大伤脑筋的案子。

“不久前，一个来自南美的陌生人到了伦敦。据有关情报表明此人很可能是纳粹特务，携带10万英镑来英国资助间谍活动。因此，在他下船之后，我们仅仅用了几个小时，就故意搞了一次车祸，弄折了他的胳膊，并借此机会把他送进了医院。我们对他的衣服和行李进行了仔细的检查，结果，我们除了在一个公文包里找到了几封他的朋友写给他的信之外，并没有找到任何其他的值钱东西。我们分析过几种他可能隐藏财物的方式：比如说他可以把英镑通过邮局寄给自己，但现在正逢战乱时期，邮递业务非常不正规，因此这个办法行不通；还有一种方式就是他可以用手术的办法将宝石放在体内，但X射线机排除了这种可能性。我们可以十分确定他身上藏有十几万英镑，但就是找不到任何的蛛丝马迹。”

亨利一言不发地听着上校的叙述，仔细地思考了一会儿，随后他对上校说：“上校，我认为你遗漏了一种非常明显的可能性。”

亨利说的这种被遗漏的可能性是什么呢？

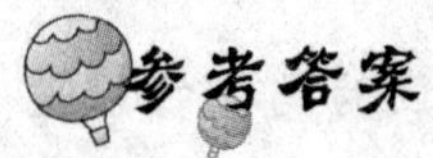

参考答案

其实就是信封上的邮票。贴在信封上的邮票其实极为稀有，因此也是价值连城的。

暴露的谎言

炎热夏天的一个午后，气温已超过了35℃，一列火车刚刚到站。女侦探艾丽站在月台，突然听到背后有人叫她："艾丽小姐，你要去旅行吗？"

艾丽回头一看，发现叫她的不是别人，正是玛格丽特，一个和她正在侦查的一件案子有关的人。

"不是，我是来接人的。"艾丽回答。

"真巧，我也是来接人的。"玛格丽特说。

说着，玛格丽特此时已经从手提包里掏出一块巧克力，掰了一半递给艾丽。

"还没吃午饭吧？来吃点巧克力。"

艾丽接过巧克力放进了嘴里，她感觉巧克力硬邦邦的，这时，艾丽突然想到什么似的厉声质问玛格丽特："你为什么要撒谎，玛格丽特，你明明是刚刚从火车上下来，为什么要骗我说你也是来接人的？"

玛格丽特被她这么一问，脸色顿时变红了。但她仍然不想承认，反问说："你怎么知道我刚下火车？你看见了吗？"

"不，虽然我没有看见，但是我知道你在撒谎！"艾丽自信地说。

为什么艾丽断定玛格丽特在撒谎？

参考答案

其实，问题就在玛格丽特给艾丽的那块巧克力上面。如果玛格丽特一直都待在35℃的高温下的话，包里的巧克力肯定会变软。但她给艾丽吃的巧克力却是硬邦邦的，这说明玛格丽特根本就不像她自己说的那样是在车站等着接人，而是刚从有空调的火车上下来。

贵妇监守自盗

一天凌晨2点，杰克探长接到贵妇杰妮芙太太的管家的告急电话："夫人的珠宝被劫!"杰克探长放下电话便立刻赶到杰妮芙太太家。

杰克走进杰妮芙太太的卧室，掩上门，迅速扫视着现场：两扇落地窗敞开着，凌乱的大床左边有一张茶几，茶几的上面放着一本书和两支燃剩下的约为3英寸的蜡烛，蜡烛冲向门的一侧流了一大堆烛液。在厚厚的绿地毯上扔着一条门铃拉索，梳妆台的一只抽屉敞开着……

杰妮芙太太见到探长，便哑着喉咙诉说道："昨晚我正躺在床上借着烛光看书，门突然一下子被风吹开了，一股很强的穿堂风扑面而来，于是我就拉门铃叫布鲁斯（杰妮芙太太的管家）过来关门。我没有想到，一个蒙面的持枪者突然闯了进来，他用枪抵着我的脑袋逼着我说出存放珠宝的地方。当他将珠宝装进衣袋时布鲁斯恰巧走了进来，他用门铃的拉索将布鲁斯捆了起来，还用这玩意儿将我的手脚捆住!"她提起了手中的长筒丝袜。但因为走得过于匆忙，劫匪忘记把门关上了，于是我就拼命呼喊，邻居听见之后，才过来帮我们解开了绳索。

杰克探长听完杰妮芙太太的诉说后，便笑着询问道："杰妮芙太太，我想知道您在安排这场表演之前究竟为自己的珠宝投了多少保险？"

看起来，杰克探长已经判断出这名贵妇——杰妮芙太太就是一个监守自盗者。

那么，请你仔细地想一想，杰妮芙太太的漏洞究竟出现在哪里？

参考答案

按杰妮芙太太所说的，如果劫匪在抢到财物逃走时没有关门的话，那么，门敞开那么久，按照风吹的方向，烛液肯定会向着顺风方向往屋里那头流去，而不是像现在这样逆风口而淌。很显然，根本没有什么真正的窃贼，杰妮芙太太为了获取高额的保险赔偿金，故意安排了这场表演。

猎物该归谁

猎人甲、乙因为一只秃鹰吵了起来，都一口咬定秃鹰是自己打下来的。一位路过的老者，看着两个争论不休的猎人，在他们面前停了下来。

甲乙两人看到眼前的这位老者，眼前顿时一亮，不约而同地跑到他跟前，希望老者给出一个公平的说法。老者欣然地接受了。甲扯着秃鹰的翅膀说是他先看到秃鹰并打下来的，乙扯着秃鹰的另外一只翅膀，说秃鹰是他先看到的，并一枪射在了秃鹰的肚子上。二人各执一词。

老者看着秃鹰的肚子上和背上的确都有伤口，觉得甲乙二人说的都对，谁都没有任何破绽。但他突然又一想，立刻明白了这只秃鹰到底该属于谁。

聪明的你，能判断出这只秃鹰究竟该属于谁吗？

参考答案

其实，猎人乙说的是真的，因为秃鹰是在天上飞着的，因此想要把它打下来的话，伤口只能是在肚子上，而背上的枪口肯定是秃鹰掉下来后猎人甲补打的，所以猎物属于猎人乙。

别具一格的证人

一天深夜，盖理警官与往常一样，又开始在一条大街上巡逻了，这条大街上的治安已经由他负责了 20 年。他是一个尽职尽责的好警官。当他走到一处别墅的时候，突然看到一个人鬼鬼祟祟地开门跑了出来，盖理警官警觉地掏出手枪，喝道：“谁！”

“哦，不要开枪，不要开枪，我是这家的主人。”走到近处，盖理警官才看到这是一个西装革履的年轻人，手里还提着一个非常大的皮包。

“你这是……”盖理警官满眼疑惑。“哦，我正准备去出差，今天半夜的飞机，为了不吵醒熟睡的妻子，所以我小心翼翼的。”年轻人笑着说道。但盖理警官还是不太相信这个年轻人的话，盖理警官在这条大街上转悠了 20 年，大部分人他都认识，即便不认识，但是看起来也会觉得眼熟，但眼前的这个人他却从来没有见过。

“汪汪”突然一只狗大叫着从敞开的院门里跑了出来，跑到年轻人身边后，并低着脑袋蹭着年轻人的裤腿。他抚摸着狗的脑袋向盖理警官解释道："这是我'女儿'！"盖理见小狗跟这人这么亲热，便不再怀疑，说了几句话后便决定转身离开。

恰恰就在这个时候，小狗突然跑到一棵小树旁抬起后腿撒起尿来，盖理警官一看，立刻伸手抓住年轻人说道："小子，你差点儿把我骗了！"

你知道盖理警官是如何识破年轻人的谎言的吗？

参考答案

其实，正是小狗撒尿的行为把年轻人的骗人伎俩给暴露了。狗撒尿的习惯是有公母之分的，只有公狗撒尿的时候才会抬起后腿。年轻人说这只小狗是他家"女儿"，很显然他是说这只小狗是母狗，但小狗撒尿的样子却恰恰暴露了小狗的真正性别。此时，小狗也就充当了不寻常证人的角色，盖理警官据此可将这个年轻人抓获。

凶杀案嫌疑人

一天清晨，一名值班护士在查病房的时候，突然发现住在三楼单人病房的一名男性患者死在病床上。于是，护士火速报了警。因为这名死者不是病死的，在他的胸部有一条长约5厘米的刀伤。

警察赶到现场之后，立刻对现场进行了细致的调查，并发现造成刀伤的匕首被扔在院子里，也许是因为凶手还担心留下指纹的缘故，刀柄用绷带胡乱地缠着。但是等警察发现匕首的时候，匕首上面已经爬上了蚂蚁。很显然，匕首已经在院子里放了很久。经警方断定，这个案件发生在深夜。

由于凶手是深夜作案，所以认为是医院的住院患者所为。经过调查，警方找出了3名嫌疑犯。其中一名是3号病房的肠扭结患者，另一名是6号病房的糖尿病患者，最后一名8号病房的肾炎病患者。

“我知道凶手是谁了！”一名警察与护士小姐交谈后就立马确定了真正的凶手。

那么，你确定真正的凶手是谁？

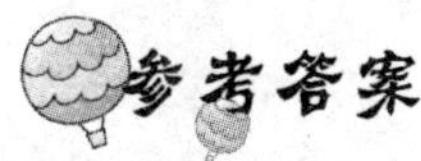

参考答案

其实，6号病房的糖尿病患者就是真正的凶手。因为凶手在杀人的时候往往会高度紧张，所以凶手握凶器的手肯定会出很多汗，事实上，糖尿病患者出汗更多，并且在他们的汗水里含有大量糖分，而蚂蚁十分喜欢甜的东西，因此，那把沾满糖尿病人发甜汗水的刀柄上爬满了很多的蚂蚁。

捉鸟的丁丁

有一天，小淘气丁丁去田野里玩耍，他看见了几只可爱的小鸟。当时的他特别想捉一只小鸟回家玩几天，随后再还小鸟自由。

于是，小淘气丁丁就开始了他的捉捕行动，没有想到，他还真捉到了一只小鸟。就在他有一丝得意的时候，他突然想到他自己并没有能将小鸟带回家的笼子，也没有绳子能绑住小鸟然后先回家找笼子过来。后来，丁丁发现不远处有一口比较深的枯井，于是他就将这只小鸟投到了那口枯井里，准备先回家取笼子，然后再把小鸟带回家。

请你仔细想一想，你认为丁丁的方法可行吗？为什么？

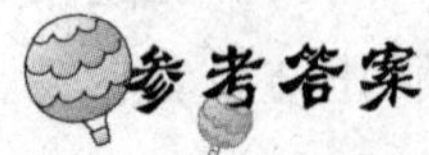

丁丁的做法是可行的，因为小鸟根本不能像直升机那样直接往上飞。

今天是星期几

两个爱说假话的人结婚了，两人在一星期里有几天说假话，有几天说真话：男人说说假话的日子是星期一、二、三，说真话的日子是星期四、五、六、日；女人说假话的日子是星期四、五、六，说真话的日子是星期一、二、三、日。有一天，两个人一起聊天。

丈夫说：“昨天是我说假话的日子。”

妻子说：“昨天也是我说假话的日子！”

那么，今天是星期几呢？

参考答案

今天是星期四。丈夫星期四说真话，昨天（星期三）是他说假话的日子。妻子星期四说假话，所以她说“昨天也是我说假话的日子”也是假的，因星期三是妻子说真话的日子。

推测天气预报

有甲、乙两位气象专家，他们是很要好的朋友，经常爱用开玩笑的方式来互相问问题。有一天，甲对乙说：“我已经将前天做的天气预报改了一下，如果你能听得明白，我可以将后天的天气情况如实相告。”

甲接着说：“今天的天气与昨天的天气不同。如果明天的天气与昨天的天气一样的话，则后天的天气将和前天的一样。但如果明天的天气与今天一样的话，则后天的天气与昨天的相同。”

甲的天气预报果然很准，因为今天和前天都下了雨。那么昨天的天气如何呢？

参考答案

在这里，我们一定要注意，这一天气预报是前天做的，所以预报中说的后天就是今天。由此一步步进行推论就能得出：昨天的天气和前天的不同。由于前天下了雨，故昨天的天气是无雨。如果把答案说成“昨天是晴天”，那就不准确了，因为与雨天不同的天气也可能是阴天。

第二章　神奇的推导者

被绑架的盲女

某个酷夏，海边小镇的盲女被绑架了。家人为其筹集了 10 万元赎金并按预定的交易时间和地点送去了。第三天，盲女平安无事地回到了家。

情绪平复后的盲女告诉警察，绑架犯应该是一对年轻的夫妇。他们把她关在了海边的一座小屋里。“我应该是被关在一间阁楼里，在那里可以听到海浪拍击沙滩的声音。天气非常闷热，不过到了夜晚会有凉风吹进来。”

警察搜查了海边附近的几栋住宅，发现两间小屋极为可疑，它们一间朝南，一间朝北，主人都是一对年轻夫妇。可惜这两间屋子都是被打扫得一尘不染，找不出任何疑点。

警察在勘察现场后，做出了一些分析。这些情况是：

（1）两家人的房屋结构几乎相同，只是两间阁楼的小窗一个朝北，一个朝南。

（2）房屋的南侧面向大海，北面对着丘陵。

（3）被绑架的 3 天，天气一直晴朗，没有下过雨，更没有风。

少女究竟是被哪家绑架的呢?

参考答案

根据盲女说的“夜晚会有风吹进来”,可以判断少女被关在窗户朝北,即面对丘陵的阁楼里。

夜晚的海岸的温差比海面的要大,这样凉爽的风就非常容易从丘陵向海上流动,所以从朝北的小窗口吹来阵阵清风。反之,白天由于陆地很快变热,风就改从海上吹来。

不同味道的红薯

宋朝年间,开封郊外有个小山村,地方不小,但只住着两户居民,分别是老李和老王。他们历来和睦,分耕着一大块土地,相安无事。

突然一年秋天,两家因为地界问题起了矛盾。这年,偏逢两家都种了红薯,地界就被混淆了。

“你应该知道,正午时分,树干的立影就是地界。”老李头气鼓鼓地指着树影说。

“我没注意过。我只知道你去年种的是烟草,我种的是玉米。这玉米粒在我的玉米地里才能有,认出玉米粒不难吧!”老王的也毫不示弱抓起地上的玉米粒。

“这有什么,我也可以随意在两家的地里找到烟茬来。”李老汉说完,向前走了几步,弯腰在地里扒拉一阵,果然找到了许多烟草渣滓。

“你不要撕破脸皮忘记旧情!”

“你也不要忘恩负义坑害朋友!”

就这样,李家和王家的矛盾越闹越大,最后只能一同来到官府,找清正廉明、断案如神的包公评理。

包拯包大人接受了此案的审理。经过反复查问,包大人发现,两家都拿不出可靠的证据。怎样才能把这个民事案件处理得公平呢?包公考虑了片刻问道:“过去你们为何能分清田地呢?”

李老汉和王老汉异口同声道:“我们过去都种不一样的东西。”

“从没种过一样的作物吗?”听了这话,包公眼睛一亮,问姓李的,“去年你地里种的是什么?”

“我去年种的是烟草。”

包公又转向姓王的问道:“去年你地里栽的是何物?”

“我栽的是玉米。”

“哦,我明白了!”包公决定亲自去地里,为两家人分地界。”

两个老农随包公来到了地头。包公命手下随从各从最有争议的五条垄里各挖出一个红薯放在桌上,然后说:“两位老农按照次序把这五个红薯拿去尝尝,便知答案。我希望你们今后还要互相谅解,友情为重!”

包公言毕,转身离开。老李和老王按照包公的方法一试,地界一目了然,从此两家化干戈为玉帛。

那么包公是怎么分清田地的呢?

参考答案

包公依照最基本的农业常识推理,得出了结论:第一年地里种了玉米,那么第二年地里结的红薯就是甜味的;而第一年地里种了烟草,第二年地里的红薯味道就会发苦。两位老农尝完红薯,便明白了地界分割的方法。

晚宴中的谋杀案

美国人喜欢在家里搞盛大的宴会。这天晚上，在史密斯夫妇家中就有一场宴会。现在，宴会已经进入了高潮。

晚宴的宾客中，最出风头的莫过于查理了，一位最近非常走红的影星。他被一群美女轮番敬酒，虽然平时酒量不凡，但是这样很多杯下肚，已经让他醺醺然了。

男主人史密斯先生心生厌恶地看着查理，用叉子狠狠地叉了一个

蘸了调味汁的大虾走上前去搭讪。

“查理，这条领带真扎眼啊，又是哪个美女送的礼物啊?”他一边假笑着，一边若无其事地甩动着手里的叉子，深棕色的酱汁就这样溅到了查理的领带上，雪白的丝绸料上顿时黑点斑斑。

“哎呀，真对不起，对不起。”

“没关系，一条领带而已，没事的……”查理毫不介意，拿出手帕准备将酱汁擦去。

这时，史密斯夫人走了过来。

“不要用手帕擦，那样会留下痕迹的！去洗手间吧，那里有洗洁剂。我帮你清洗一下。”

“谢谢，史密斯夫人，我自己去清洗就可以了，夫人还是应酬其他客人去吧。”

因有史密斯在场，查理故意避开了夫人的帮忙，然后迅速去了洗手间。

洗洁剂就摆在梳妆台上。查理清洗完后，继续参加宴会，一边喝着酒，一边与人谈笑风生。

突然，查理身子一晃便倒下了，酒杯也从手中滑落到地上。

宴会厅里哗然。虽然救护车很快就来了，将查理送去医院治疗，但是还是晚了一步，查理因为酒精中毒死去了。

这时，在角落里偷笑的人，就是史密斯先生。知道了自己的妻子与查理有染后，便开始计划这一完美的谋杀案了。

史密斯使用了什么方法杀死了查理?

参考答案

常识告诉我们，洗洁精里有种成分叫作四氯化碳，它无色无味。查理用这洗洁精清洗污迹时，就吸入了足量的四氯化碳气体。这种气体在饮酒过多时，就会导致死亡。其绝妙之处就是不易被人察觉，会被大家误以为酒精中毒死亡。

史密斯先生为了确保查理吸进这样的气体，所以才故意将酱汁洒到了查理的领带上。

赫尔小姐和哈林顿的浪漫邂逅

夜幕降临，赫尔小姐开着车前往巴黎。此时距离巴黎市中心还有大约 50 英里。她想，还是再核对一下旅行路线为好，于是下车走进路旁的一家酒店。

由于十分疲惫，赫尔小姐喝了两杯红酒，困意就慢慢开始涌上身

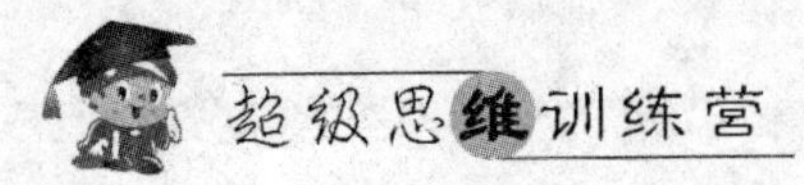

起来。当赫尔小姐抬起头时，发现对面已经坐着一位年轻的英俊男子，他正微笑地看着她。

年轻人有个可爱的名字，哈林顿。他说，自己很多次在梦里见到同一个人，那个人和赫尔小姐长相一模一样，今天终于梦想成真了。赫尔小姐听了很高兴，大概所有的女人都爱听这种浪漫的话。他们端起酒杯共饮起来。

小伙子听说赫尔小姐要去巴黎，而且道路不熟，就对赫尔小姐说这条路非常不安全，经常有个叫巴比伦的男子持枪打劫。然后，哈林顿主动请缨要做赫尔小姐的保镖，护送她去巴黎。

大概刚刚行驶了 5 英里，一束强光从汽车后方射了过来。

哈林顿转身看了看后面的汽车，突然大叫道："是巴比伦，大胡子巴比伦！我认得出他，他会杀死我们的！"

哈林顿劝赫尔小姐拐进漆黑的小路躲一躲。赫尔小姐看到道路很黑，她对这一带又不熟，因此决定仍旧沿着这条大道往前开。后面的车很快超过了他们，不过没有拦住他们，而是继续往前行驶过去了。哈林顿此时又说，一定是巴比伦准备在前面拦劫他们。

这时赫尔小姐突然意识到情况不妙。她想了想突然发现了什么，从而识破了哈林顿的诡计。原来他想把她带入小路再对付赫尔小姐。

赫尔小姐是如何发现自己差一点被暗算的呢？

参考答案

当后面汽车强烈的灯光射来时，是看不清坐在后面汽车里的人的。哈林顿说他看见了盗贼巴比伦，完全是别有用心。

草原上的烈火

有一天，一群游客正迎着大风在内蒙古草原上行走。突然，前方冒起了滚滚浓烟。

“快跑！大草原着火了！”风助火威，大火迅速向人们逼近。大家已经使尽全力往回跑了，但是还是远远慢于火速。人的体力毕竟有限，火与人的距离越来越近，而前面还是一片茫茫见不到头的草原。惊恐，体力透支，最后是放弃，人们纷纷跌倒在干草地上。

正在万分危急之时，一个老猎人赶来了，他看了一下火势，果断地说：“听我指挥！马上动手拔掉面前的一片干草，清出一片空地。”这一刻只有孤注一掷，大家很快就清出了一块不大的空地。最后，老猎人把所有人集中安置在空地的另一边。

一会儿，人们就被四面高墙般的大火包围了。

这时，只见老猎人不慌不忙地把一束燃着的干草扔到迎着大火那面的干草丛里，然后走到空地中央，对大家说：“现在你们可以看看火怎么跟火作战了。”

奇怪的事发生了：老猎人放的火并没有向人们烧来，而是迎着风奔去；两股火开始了对攻。人们面前的空地越来越大，几分钟后，大火绕过这块空地，向前面奔去了！人们得救了，大家围着老猎人激动得直流眼泪。

请想想放的火为什么会扑灭顶风大火呢？

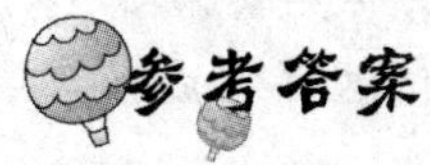

参考答案

这是由于在火海的上空，空气因受热变轻迅速上升，而附近那些

还没有燃烧过的地方上空的空气较冷，于是就会朝大火方向流去，以填补那里较少的空气，这就形成了一股与风向相反的气流，因此就发生了一场火战。

南极探险队

数年前，有支来自日本的南极探险队准备前往南极过冬。他们用大船运来了数吨的汽油，准备用输油管道将这些汽油送到设在南极的基地里。可是，事先的准备工作有欠稳妥，他们在实际操作中发现，从本国带来的输油管道总长度不够，不能满足连接船体和基地的长度。在南极也没有备用管子，如果现在回国取管子，至少要耗费两个多月的时间。这个问题着实把大家难住了，谁也没想出什么好办法来。队长只能向国内请示，计划结束行程回国。

一名队员喝水时，不小心把水洒了出来，正好落在一张卷成筒状的报纸上，在超级寒冷的南极，这样的水会立即结成冰。另一名队员无意拿起了这张卷着的报纸，发现报纸内部坚硬而且光滑。

这位队员突然灵机一动，找到探险队队长说："我有办法找到备用的输油管了。"

你猜这位队员想到的是什么办法？

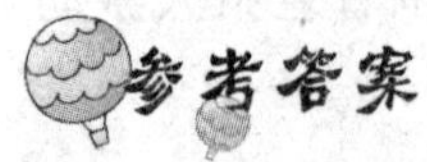
参考答案

这位队员计划利用南极的超低气温，自己制作输油管道。可以把所有的报纸都卷成筒状，浇上水后，会自然凝结成冰，这样就成了现成的管子。然后把它们连接起来，在接缝处再淋上水冻结实了，想要连接多长就可以有多长。

这样虽然可以做成简易冰筒子，但是报纸的质地决定它的脆性，巨大的压强下，管子必然会承受不了。但是他们可以把绷带缠在冰管子外面，这样，绷带可以起到“钢筋”的作用，管道的压强承受力也就增强了。他们按照这个方法支撑了冰冻的输油管道，果然成功地完成了输油任务。

飞机上的陷阱

国航波音 A797 客机刚刚起飞 40 分钟，两名蒙面男子闯进了配餐室，拿着手枪对着空姐，要挟与机长通话。其中一个罪犯从她手中抢过电话：“机长，你好好给我听着！我们已经劫持了这架飞机，空中

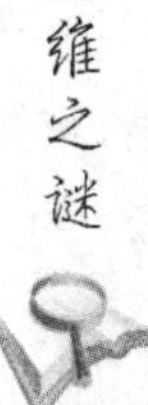

小姐就是人质。必须按照我的命令行事。你马上要求全体乘客都系上安全带。”

“好吧，你们要做什么？”机长应答着。

“你以后会知道的，快点系上安全带！”罪犯狠狠地挂断了电话。机舱中马上出现了危险标识，乘客开始议论纷纷，但均按指示开始系安全带。

“所有的空乘人员也都坐到自己的位子上，系上安全带！”罪犯命令着乘务员，又抓起电话与机长通话：“打开驾驶舱的门，我要进去。你不要试图搞什么把戏，我的同伴手中的枪正对着乘客呢。”

“知道了。你来吧，我们谈谈。”机长说道。

两名罪犯举着手枪出现在客舱，一边缓步穿过过道，一边确认乘客是否都系上安全带。其中一人站在过道中央大声地说：“诸位，这架飞机已经被我们控制了，我们并不想伤害大家，目的达成后，我们会释放所有的女人和孩子……”

但是这种有滋有味的“演讲”未能进行完，数秒钟后，本来紧张的局势发生了惊天逆转，劫机事件很快就结束了；没有做任何抵抗的两名劫机犯被乘客制服了。

究竟发生了什么事让这场劫持很快就被制止了呢？

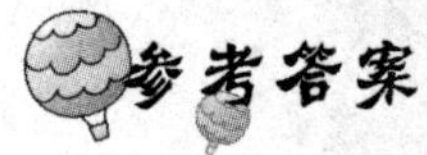

参考答案

当劫机犯正在高谈阔论时，机长突然利用驾驶技术自由落体 50 米，接着又快速上升 30 米，造成“空中陷阱”现象。这两名正站在过道上的劫机犯没系安全带，所以头重重地撞到了机舱顶篷，晕厥了。所有的乘客和空乘人员都系好了安全带，自然平安无事。

叶子上沾的血迹

某天，北京一家机关单位的电话接线员李萍从电话室掉到楼下摔死。民警刘东接到报案后，立即和同事前往出事现场。从现场观察，总机室的窗户大开，死者摔痕明显，而且手中还紧紧攥着一条湿抹布。

二人来到楼上查看第一案发现场，总机值班室的门锁和插销都是完整的。第二现场，也就是楼下，围观者纷纷议论死者的死因，大多数人都认为是失足致死。

真的是意外摔死的吗？刘东和助手开始认真巡查。

从楼下到楼上，刘东认认真真地查看每一个角落，终于，在一楼外阳台上发现了一片树叶，也许这只是一片极普通的树叶，但是它的上面却沾染了一个红点，他揣测这是属于死者的血渍。

这时，助手走了过来，对刘东讲道："厂里的人都说这几天死者并没有什么情绪异常，我想她应该没有自杀的可能。而且厂里的人都反映这个人非常正派，群众关系非常好，所以，很难想象会被什么人谋死。"

"你的分析和调查的确都很有道理，但我发现了一个非常重要的证据，我认为足以证明死者是被谋杀的。"

说完，刘东便把那片有血渍的树叶拿给助手看，然后说道："咱们现在开始分头行动吧！你去调查死者的家庭情况，我去局里对树叶的血迹和死者的血型进行化验，看看它们是否吻合。"

一天过去，两个人都带着满满的收获来到警局碰头。原来，李萍的丈夫有非常明显的作案动机。几年来，夫妻关系非常不好，丈夫一直希望能离婚，但是妻子始终不同意，所以……

化验结果果然如刘东所料，树叶上的血迹与李萍的血型完全吻合。就目前情形看，李萍的丈夫有最大的嫌疑。于是，刘东果断地逮捕了李萍的丈夫刘文。

经过审问，李萍的丈夫交代了犯罪事实：那天晚上，他趁李萍一人值班之时，悄悄地进入电话室。趁妻子不备，将妻子杀害，并且试图伪造妻子因擦玻璃而失足落下楼的现场。可是，天网恢恢，疏而不漏，即使清理了现场，大自然还是留下了他犯罪的证据。

那片带血的树叶到底是怎么泄露“天机”的呢？

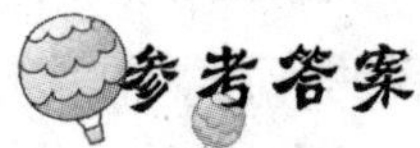

那片带着血的树叶，说明死者在摔到地面上以前已经负伤或死亡，是在从二楼下坠过程中，死者的血洒在一楼外阳台上的树叶上的，因此是他杀。如果是不慎失足坠到地面上以后出血的，那么血就不会落在上面的阳台上了。

奇怪的巨响

大西洋上，一艘超级豪华客轮触礁沉没了。

出航前，这艘游轮曾上了巨额航海险。失事后，轮船公司第一时间找到了保险公司磋商理赔事宜，但是赔款之前，需要非常严密而详细的理赔调查。

保险公司方面，负责处理此案的是王科长，但是他因为有事，暂且将取证的工作交给了助理小李。

小李首先问了一位女客人。女客人说：“轮船触礁后，我立刻登上了救生艇逃离了现场。看到了轮船开始下沉。大概 45 分钟后，便听到了'轰'的一声爆炸声，该轮便完全沉没了。"

此后，小李又问了另外几位救生艇上的生还者，他们的答案不尽相同。

然后又问了一位逃生的男旅客，他的答复却与众不同。他说："轮船触礁后，我因为熟悉水性，所以选择自己游泳逃生到附近的小岛。我选择了仰泳和蛙泳交替的方式，大概游了一里多路程，就听到第一次巨响，随后游轮就开始沉没了。大约再隔数秒钟后，又听到第二次爆炸声……"

"有第二次爆炸吗？你能确定吗？"小李接着问。

"没错，我确定自己真的听到了两声巨响。"

"你能断定这不是回音吗？"

"不是。假如是回音，应当大家都能听到。"

"为什么那位旅客听到了两声，而其他旅客听到了一声呢？"小李觉得很是诧异，便把这样的疑惑向科长反映。

王科长听了助理的汇报，思索了片刻，然后笑道："救生艇上的被救旅客听到一次爆炸声是对的。那名游水逃生旅客，先后听到两次巨响也是正确的。这个案子就按照我说的办吧……"

小李听后，不明白王科长的意思，只好请科长讲明原因。

猜一猜王科长的解释？

参考答案

因为声音在介质水中的传播速度约是介质空气中的速度的5倍，所以正在仰泳的游泳旅客双耳浸在水里，当然先听到从水里传来的炸声。一会儿后，他很自然地抬起头来，想看个究竟。于是几秒钟后，那位游客又会听到空气中传来的爆炸声。

被调包的毒药

史密斯夫人和史密斯医生因为一些原因分居了，她一人住在寓所里。3 天前，她因为感冒卧床不起，附近的医生都不愿意出诊，只好硬着头皮请已经分居的丈夫过来看病。

“是流感，打一针，然后吃点药就会退热的，好好休息两三天就会好的。”丈夫给她打了一针，又给她留下一颗感冒胶囊就回去了。

丈夫走后，她吃了感冒药，便睡下了。可是，数分钟后，她就觉得自己不能呼吸，最后窒息而死。

第二天，前来打扫的钟点工发现了史密斯夫人的尸体。法医验尸时发现，死者胃里残留着尚未消化的掺有氰化钾的巧克力。为此，死者的弟弟因为杀人可能性最大而被逮捕。

一周前，史密斯夫人的弟弟送了姐姐一盒威士忌酒心巧克力糖。其中，盒中的巧克力里检测到了氰化钾成分。这对姐弟正在为继承母亲遗产而打得不可开交，这时他的害人动机非常大。可是，其弟坚持自己是无辜的，并求助私家侦探重新进行调查。

私家侦探麦克接受了这项任务，着手调查。他发现死者的丈夫是内科医生，为了和年轻的情妇结婚而急于想同妻子离婚。调查了其在案发当夜的不在现场证明，最后一语中的地指出了医生巧妙且不留痕迹的杀人手段。

该医生使用了什么手段，将被害人杀死的呢？

参考答案

实际上医生给妻子的胶囊里装的是氰化钾，但是他又是怎么将吃下去的掺毒的胶囊替换成威士忌酒心巧克力的呢？

是胃管。医生给死者的感冒药实际是一种毒药。当被害人死后，医生又悄悄回来了，用胃导管将毒药吸了回来，并且，又以同样的方法把已经融化的威士忌酒心巧克力注入死者的胃里。

当然，将妻弟送的威士忌酒心巧克力里也注入了氰化钾。所以，即使最后要检测胃内容物，也只会发现残留的未经消化的威士忌酒心巧克力，所以被误认为是吃了掺有氰化钾的酒心巧克力致死的。

船长之死

某个秋日的早晨，9 时左右，小李来到沙滩散步，忽然，看见一

艘搁浅在沙滩上的小帆船。

面对这样的场景，小李愈发好奇了，于是想一探究竟，就走上前去。走到船边上时，小李对着帆船喊了几声，没有人回答。这让小李越想越奇怪，就沿着放锚的绳子爬到甲板上，再从甲板的楼梯口向船室看去，发现有一名男子躺在血泊里，死因大概是胸前的短剑，应该是被刺死的。

被害者手中握着一张纸，仔细一看是张撕破了的旧的航海图。在床头上，还有一根已经熄灭的蜡烛。看着蜡烛燃烧端的水平状态，船长应该是在看航海图时被杀的，然后凶手吹灭了蜡烛，然后夺去航海图才逃跑的。

小李觉得这是一起谋杀案，于是赶快报了警。警察来了后便立即寻找线索。“据周围的渔民反映，这艘船大概是昨天中午停泊在此处的，船舱里非常黑，所以，就是白天还是要点着蜡烛。船长被害的时间并不一定是晚上。可是船长到底何时遭到毒手的呢?”警察们一面查看尸体，一面讨论着。

“死者的被害时间，应该是昨晚 9 时左右。”小李斩钉截铁地下了判断。

小李为什么做出这样的判断呢?

参考答案

小李是通过蜡烛的燃烧程度来判定死者的死亡时间的。

蜡烛上端的部分是呈水平状态溶解的，那么就证明帆船在触礁而倾斜时，蜡烛依然在燃烧着。

常识告诉我们，海水的涨潮与退潮总是间隔大约 6 个小时。这艘船被发现是在上午 9 时左右，此时恰好是刚退潮。由此可知，两次退潮之间，只有一次涨潮的机会，以此可推论船是在昨晚 9 时左右触礁倾斜，凶手也是在此刻下手的。

如果凶手是在涨潮的时候进船里杀人的话，蜡烛的上端部分应该是和船体倾斜的状态呈同样的角度才对。

虚假的证词

洛克、保罗和约翰3个人是迈阿密一家著名的珠宝公司合伙人。去年2月，3人相约一道前去佛罗里达州，在约翰的别墅度假。

某个下午，约翰和保罗一起去钓鱼，保罗虽然非常喜欢钓鱼却不会游泳，每次都是搭乘游艇出海钓鱼，洛克这位鸟类爱好者则喜欢留在别墅里看电视。

等到傍晚的时候，约翰却载着保罗的尸体回来了。约翰说保罗探出身子钓鱼，因为风浪太大，所以他失去重心，落水了，把他捞上来时，保罗已经被淹死了。

而洛克则说，他本来在后院乘凉，突然发现一只罕见的绿色小鸟飞过头顶，他便追随着小鸟来到前院，用望远镜看着那只鸟在前院的棕榈树上筑巢，恰巧，他的望远镜无意中对准了海面，只见约翰与保罗在游艇上扭打成一团，约翰猛地把保罗的头按入水中。

尸检报告证明保罗确实死于溺水。但在法庭上，两个合伙人的证词自相矛盾。于是，法官请来了名侦探圣弗朗，请他来考证究竟谁说了谎。

圣弗朗说："洛克撒了谎。"

圣弗朗为什么这样说？

参考答案

洛克的证词已经透露了他对热带植物的基本知识非常匮乏。

洛克其实没有看到一只鸟儿在棕榈树上筑巢，因为棕榈树是没有树杈的，只有一片大叶子，鸟儿怎么在上面筑巢呢？由此看来洛克说了谎。

轮胎预示的凶手

罗宾是一位生物学家，他的研究取得了重大成果，轰动全国。各地的著名大学纷纷发出邀请，请他去讲课。罗宾一很直关心科学普及，所以，他放弃自己的休息时间，在周末到学校讲课。

一个周末，罗宾开车前往某市讲课。他的教学课非常受欢迎，很多同学都提出很多有建设性意见的问题，罗宾都耐心地给予解答。课后，他又接受了该校老师的邀请，吃了晚餐。一直到晚上 11 时多，罗宾才忙完，开始返程。

在漆黑的大道上，罗宾边开着车边听着悦耳的音乐，这时他的心情很好，不自主地和着音乐哼起歌来。

突然，视野中央出现了一辆路虎车。罗宾连忙减速，想躲开汽车，但是汽车不听使唤，一个猛踩刹车后，罗宾的汽车前胎爆胎了。此时，路虎上跳下了一个蒙面人，他用枪挟持罗宾，抢走了他的钱，然后开车逃走了。

身无分文的罗宾只好步行找人求救，大概走了半个多小时，才看到一家杂货铺。进了杂货铺，他先是报了警，然后对小店老板说："麻烦您帮我给离这里最近的汽车维修站打个电话，我的车爆胎了，需要换一只新的……"老板拨打了修车电话，又端来了热咖啡。

大概十几分钟后，警车和修车店的工人都赶来了，工人还带着轮胎来了。罗宾对警察说："我知道谁是抢劫犯了，就是小店老板！"。

小店老板"好心"帮忙，罗宾却说他是坏人，你知道这是为什么吗？

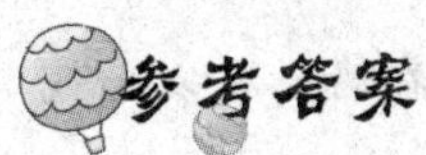

罗宾请店主帮忙打电话，但是始终都没有说自己汽车的型号，工人却带来了非常合适的轮胎，所以老板在抢劫现场，知道车胎的型号。实际上，杂货铺老板就是那个蒙面大盗。

墙上遗留的血手印

某高级大厦的一个单位发生了杀人案，死者是一个画家，他被人用刀刺死。唯一的线索就是公寓墙上的鲜红手印，每个指纹都清晰可见，甚至是格外清楚。大概，凶手逃跑时，不小心留下了这个右手印作为证据。

侦探罗根赶到现场时，见到老熟人巴特警官正在小心地收集墙上的指纹。罗根仔细看了看，笑着对巴特说："你还是看看有没有其他线索吧！"

巴特依然小心翼翼地做着自己的工作，头也不抬地说："这些指纹难道不就是破案的切入点吗？"罗根耸了耸肩："如果这个手印是真实的，当然可以作为证据，但它是假的，目的就是要迷惑警察。"

巴特转过脸，疑惑地问道："你怎么知道的？"

罗根说道："你自己去印个手印，就知道为什么了。"

罗根为什么觉得手印有问题？

罗根看到五个手指的指纹才起了疑心，所有的掌纹都清晰可见，如果不是故意这样做是做不出来的。正常人，将手掌贴在墙上时，大拇指和另外的手指是不同的位置的，它会侧面紧紧挨着墙，所以一定是故意为之。

蜜碗出现了鼠屎

三国时期有一天，东吴皇帝孙亮带着侍从和大臣们一起去吴宫西苑避暑。

西苑小溪潺潺，花红树绿，令人神清气爽。在一片果树前，孙亮停下了脚步，望着果树上硕果累累，不禁口水直流。

“去给我摘青梅来。”孙亮对侍臣说道。

一名老太监跑过去摘了几个，洗净后送到了孙亮面前。

孙亮咬了一口青梅，立刻吐了出来：“太酸了！难以下咽啊！”

“万岁爷！”老太监殷勤地说道：“青梅那么酸，不如蘸着蜂蜜吃，味道应该很美。”

“是那样吗？”

“是的，小的马上去取蜂蜜来。”

“快去吧！”

老太监捧着一个金碗到了御用仓库，说万岁爷要吃青梅蘸蜂蜜。库吏听后，迅速打开仓门，拉出一桶蜂蜜，倒出了满满一碗，让老太监拿去。

老太监把蜜碗呈到了孙亮的面前。可是，当孙亮刚要用青梅蘸蜜时，却发现蜂蜜上面有一粒老鼠屎。孙亮大怒，厉声责问道：“这到底是怎么回事？”

老太监忙上前回禀道：“陛下，蜂蜜里的老鼠屎一定是库吏管理失职，所以请陛下重处。”

“去叫库吏进来！”

“遵旨！”

很快，库吏便被带到了孙亮面前。

孙亮怒气冲冲地对库吏说：“你可知罪，这碗里的究竟是什么？”

库吏看见皇帝发怒，早已吓得魂飞魄散，再看到这粒老鼠屎，更是吓得差点背过气去，一个劲儿地磕头：“小人有罪，罪该万死！”

孙亮冷冷地看着库吏说：“给你最大的信任，让你负责皇宫内库。你为何不尽职尽责，让老鼠屎掉进蜜桶里？”

“陛下，冤枉啊！”库吏急忙喊道：“那桶盖一直都是盖着的，没人碰过！”

“狡辩。既然蜜桶一直盖着，为何里面掉进了鼠屎？”

“这……”库吏一时怔住了，但想了想又说道：“小人没有撒谎，请万岁爷明查。”

孙亮一想也对，便说道：“去把蜜桶取来！”

老太监听此，转身就要走，却被制止了。孙亮说道：“这次让他们去吧！”

两个小太监立即把蜜桶抬来了。

孙亮一看，那蜜桶封得非常严实，不像可以随意掉进老鼠屎的样子。孙亮心里有底了，问库吏：“在这宫里，你可有仇人吗？”

“没有。”

“一个也没有吗？”

“应该没有！”库吏说完，又连忙补充道，“前几天有人向我要过东西，我没给。他会不会记恨我呢？”

“谁？”

“就是他！”库吏指着老太监说，“几天前，这位公公曾向我要一领子，我拒绝了。”

“原来如此！”孙亮恼怒地对老太监说，“随意诬陷他人，你可知罪？”

“陛下！”老太监急忙喊道，“陛下万万不可听信他一面之词啊！”

“我会弄清真相的。”很快，孙亮根据那粒老鼠屎查清了真相。

原来，老太监想要席子不成，便怀恨在心，伺机报复。正巧，孙亮命老太监去取蜂蜜，他便将一粒老鼠屎放进蜜碗里，试图诬陷库吏。

孙亮是怎样发现老太监把老鼠屎放进蜜碗里的呢？

参考答案

老鼠屎如果本就是蜜桶里的，那么质地应该是里外都是湿的；如果刚放进去，就会是外湿内干。孙亮让人把鼠屎碾碎后，果然外湿内干。

尸体上的蚂蚁

某天，年轻的夫妻因为琐事发生了争吵。丈夫顺手抄起手中的玻璃汽水瓶朝妻子的头上扔去。妻子应声倒地，饮料从瓶子里流出，洒到了妻子的肩头，妻子的外衣瞬间湿了一大片。一动不动了，原来她的太阳穴被击中，鲜血染红了地面，妻子就这样死去了。这样的场景

让丈夫十分恐惧，一时间方寸大乱，不知所措。但很快，他想到了应对举措。

他把尸体塞进了汽车的后备箱，计划弃尸荒野。他想到的绝妙地点就是郊外的野生公园。恰逢夜里，没有人发现。当他离开时，突然发现凶器汽水瓶落在了家里。这时，为了掩人耳目，他就地捡起来一个刚扔不久的汽水瓶子放在了尸体旁。

“让它伴装成凶器吧！只要不会留下我的指纹就行，反正都是汽水瓶，用哪个厂家都是一样的。”说着，丈夫垫着手绢拿起瓶子沾了死者的鲜血然后又扔到了死者的旁边。

第二天，尸体被晨练的人们发现了。尸体外衣的肩膀处已经聚集了一大堆蚂蚁。

“只有肩膀处才聚集了蚂蚁？”勘察过现场的刑警觉得很怪异。

“这个汽水瓶一定是凶器，汽水洒了出来，洒到死者肩膀上，白糖做的糖水才会吸引蚂蚁过来。”

鉴定员仔细观察着这个“凶器”。“为什么瓶子周围一只蚂蚁也没有啊！”说着鉴定员看了看汽水瓶上的商标，“这不是凶器。这也不是案发现场。她一定是被转移到这里的。”他果断地下了结论。

鉴定员是通过怎样的线索识破凶手伪装的现场呢？

参考答案

在尸体旁边出现的空瓶，它的商标是人造糖精制造的，蚂蚁是不会吃的。

因为罪犯的凶器是装着饮料的汽水瓶，所以洒到尸体外衣上的糖水引来很多蚂蚁。

作证的蜡烛

这天凌晨，罗根接到报案，说是在收藏家的花园洋房里发生了一起抢劫案。

罗根迅速赶到事发现场。在二楼的书房里，可见两扇开着的窗户，桌子上还有两支已经燃烧了一大半的蜡烛，烛液流到了桌子边上。桌下还散落着许多文件，现场有明显的打斗痕迹。除此之外，地上还有一截绳子。

收藏家告诉罗根："昨晚，不知什么原因突然停电了，所以我立刻点了蜡烛，想借烛光看看刚买回来的手稿。但是点亮蜡烛后，一阵风把门吹开了。去关门时，有个蒙面人从窗户里跳了进来，把我摁倒

在地，堵住了我的嘴，捆住了我的手脚。随后他就夺走了我的书稿，然后又从窗户跳了出去。我挣脱绳子后就立刻报了警。”

罗根听完，环顾了一下四周，哈哈大笑起来：“我不得不佩服你制造的假现场，几乎蒙蔽了我的双眼，但是您还是忽略了一个细节，所以，以后你还是要更小心才是！”

罗根是如何发现破绽呢？

参考答案

外面有大风，而窗户一直是开着的，对于那些燃烧着的蜡烛应该会很快被吹灭，可是桌上却有一堆的烛液，显然有问题。

原来这位收藏家本打算利用此等骗术来骗取高额的保险赔偿，没想到被聪明的侦探识破。

第三章　细节中的真相

背后放的冷箭

警察加藤刚回到家里，就接到一个电话，说晚上 10 点时，某校有个学生死在宿舍楼门前。加藤赶到现场，只见死者倒在学生宿舍楼正门外，头朝正门，脚朝大道，趴在地上，背部被垂直射入一支羽箭。很明显，死者回宿舍时被人背后突袭，然后倒地死去的。

加藤警官拨弄了一下尸体，发现尸体下面还有 3 枚 100 日元的硬币，灯光一打，它们闪闪发光。加藤又查看了死者的衣兜，发现他的钱夹里放着整齐的 10 日元和 100 日元的硬币。

加藤突然间站起身来，询问一旁的大楼管理员：“这栋楼有多少学生居住?”

“暑假到了，学生们基本都回家消夏去了，只剩下川本和小西两个人了。他们都是射箭选手，下周还有邀请赛要参加。”管理员说到这里，抬头看着学生宿舍楼，然后指着那个对着大门的二楼房间，说，“那间就是川本的宿舍。”

“晚上 10 点多，川本下过楼吗?”

“我没看到他下来过。”管理员摇头答道。

加藤走进川本的卧室。川本正在睡梦中。他故作揉眼睛的状态，惊讶地问道："你们怀疑我杀了小西吗？你们到底知不知道他是背后中箭？就算我想杀他，也只能透过我的窗户看到他的头顶，怎么能射到他的背部呢！"

加藤走到窗口边，然后探出身子，转身拿出3枚100日元的硬币，对川本说："你敢说这不是你的，也许它们上面还有你的指纹呢！"

川本一看，结结巴巴地说："也许是吧，可能是不小心从兜里掉出来的。"

加藤摇了摇头，对川本冷冷一笑，说："你是故意掉下来的！这

正是你设下的陷阱。”

加藤是怎样断定川本就是凶手的？

参考答案

3枚100日元硬币，如果是死者的，肯定会整整齐齐地放在钱夹里，所以肯定不是死者的，最有可能的是从楼上扔下的，而正对着这块地的恰是川本的房间。

受害人从外面回来，见到地上有3枚硬币就弯下腰去捡，川本就利用此时作的案。

命丧浴缸

某夜，李诺接到姐姐打来的电话，要他马上到姐姐家来有重要的事情商量。

原来李诺的姐姐碰到一件非常麻烦的事情。她的朋友文芳来她家过夜，可是文芳睡觉前洗澡时，突发心脏病，猝死在家中的浴缸里。李诺的姐姐不敢通知警察局，怕警方会怀疑自己杀害了文芳，因此央求弟弟把尸体运回文芳的单身住的别墅的浴室里，就像在那里死的一样。

李诺把文芳的尸体送到她的别墅时，天已大亮。还好别墅的位置十分偏僻，没有什么人看到他。李诺悄悄地把文芳放到浴缸里，打开热水器，洒上浴盐，浴缸里放满热水。接着他把现场处理干净，好像洗澡现场一样，随后便悄悄地离开了别墅。

第二天中午1点左右，文芳的尸体被前来打扫的钟点工发现了。很快，警察介入了调查。法医尸检后证实：“死者死因是先天性心脏病，属于自然死亡。”

正在现场调查原因的探长忙问：“具体死亡时间是什么时候？”法医说：“初步推测大约是在昨晚9点到11点。”探长环视四周，沉思片刻后说：“如果肯定是死于心脏病，又是这个时间，这个浴室应该不会是第一案现场，一定是谁怕尸体引起麻烦才运到这里来的。”

李诺出了什么纰漏，让探长肯定尸体被转运过？

参考答案

理由就是电灯。如果死者是晚上11点猝死于浴室的，那么案发现场的灯一定是开着的，可是李诺把尸体送回别墅时，已经是白天了，他忽略了应该开灯的细节。

夜半敲门声

从前有个旅客，在游览了很多地方后来到一个小村庄。

他住在村里山顶上的小屋里。半夜听见有敲门的，他满是疑惑地打开门向外张望，让他更疑惑的是，根本就没有人。他想了想，可能是自己听错了，于是就去睡了。

等了一会儿，他又听见了敲门声。这次他直接冲向了门边，迅速打开门，但是让他感到不寒而栗的是，还是什么都没有，门外漆黑一片。

就这样，整个晚上他多次被敲门声吵醒，起身开门又什么都没有。起初，他以为是有人捣乱，但是如此反反复复让他越来越觉得害怕。

终于熬到了天亮，他一下子冲下山，发现了一具死尸。

警察在了解情况后把山顶的那人带走了。

你知道为什么吗？

参考答案

原来他的门开在悬崖边，门是向外开的，死者是从悬崖下爬上来的。那个人好不容易爬上来，他一开门，那个人就被门推下去……如此几次后，那个人摔死了。

离奇死亡的心理学家

青木是一位心理学家，目前在一所大学做教授。他是公认的最具有发展潜力的学者之一。曾立志终生献身科学而发誓终身不娶。他过着独居的生活，除了一位负责他生活起居的女佣人之外，就是书籍和手稿了。

5 月 20 日是青木所在大学的心理系建系 30 周年纪念日，所有的师生都在为这场庆祝典礼积极准备着。学校的各位领导陆续发言完毕，但是迟迟不见老师代表青木的身影。校长立刻派人去他家找他，结果发现青木教授已死在家中。

接到报案电话的警察立即赶往现场，随后探长菲里询问了女佣。

女佣带着哭腔对探长菲里说道："两个小时前，教授让我为他倒杯加冰威士忌，并且准备好洗澡水。他想睡一会，并且让我两小时后叫他，他还要去参加学校的庆典活动。时间到了，我多次敲门，都没有回应。我就打开门，发现他已经口吐白沫卧倒在地上了。"

菲里看了看青木喝过的酒杯，发现酒杯里除了冰块还有些安眠药。

探长认为，死者并非自杀，而是谋杀。凶手就是女佣。

探长为何觉得女佣就是凶手呢？

菲里发现酒杯里还有冰块，经过两小时冰块应该早已化掉，这说明这杯酒是在青木死后放在房间里的。这充分说明女佣撒了谎，目的就是掩饰她杀人的行为。

大力士之死

活动剧场里，正在表演着一场高难度的杂技。接下来的节目是大力士表演。舞台监督开始催场，马上去找铁汉做准备。一会儿，演员程华匆忙地跑了上来。

“大事不好了，铁汉死了！”

“怎么可能，在什么地方？”舞台监督和团长都站了起来。

“在装道具的小仓房里。”

团长对舞台监督说：“你先安排下一个节目上场，我去后面看看。”程华领着团长等人朝小仓房跑去。

小仓房里，铁汉直挺挺地躺在地上，两只手紧紧地掐着自己的喉咙，脸上布满了痛苦的神色。团长吩咐大家不要随便进入现场，并派人立即向警察局报案。

几分钟后，黄警长和几名警察赶到了现场。黄警长等人仔细勘察了现场，发现现场除了铁汉的脚印外，还有两个人的脚印。然后，他来到团长跟前问道：

“谁最先发现的死者呢？”

“是程华。”

“请他来一趟。”团长让人很快把程华叫来了。

“是你发现铁汉被害的吗？”

“是我发现的。”

“你能不能把刚才的情况详细说一下？”

“当然可以！”程华抹了把脸上的汗水说道，“刚才，舞台上的背景架子松了，我想去仓库里找根绳子绑一下，但是刚到门口，我就听见里面有动静，从门缝一看，是铁汉正在使劲掐自己的脖子！虽然我已经使尽全力去扳他的手，可是他力气太大了，怎么也扳不开，便跑出来喊人。谁知当我把人找来时，他已经死了。”

听完这个故事，黄警长哈哈大笑起来：“小伙子，别撒谎了，告诉我谁和你一起杀了大力士？”他厉声喝问。

人们把所有的目光都投到了程华身上。

“为什么你会怀疑我?”程华极力掩饰着自己内心的恐慌。

“那都不过是你自己的表演而已，说，你和谁一起害死了铁汉?”

在黄警长咄咄逼人的气势下，程华交代了犯罪事实，他和团里的兰武一起谋杀了铁汉。

团里的演员兰武正在追求铁汉的女友蓝宇。蓝宇非常喜欢铁汉的单纯善良，却也爱慕兰武的英俊潇洒，所以一直在两人之间徘徊。为了得到蓝宇的爱情，兰武用钱买通了程华。兰武让程华骗了铁汉喝下了混有安眠药的果汁，铁汉昏倒后，兰武走了过来，拿着铁汉的手，把铁汉掐死了。

参考答案

一个人即使力量再大，也不可能把自己掐死。因为掐昏自己后，手就会自然松开，接着，他就会醒来。

盛开的野花

在某个夏天的早晨，位于加拿大温哥华的某处可以俯视海湾的山冈上的草地里，警察发现了一具中年妇女的尸体，尸体被放在一块塑料布上面。

警察经过身份调查得知，死者是市内一家公寓里孤独生活着的寡妇。几年前，因为飞机失事遇难，她的丈夫过世了，只留给她一笔抚恤金和生命保险金维持生活。这个性格孤僻的女人有花粉过敏症，所以很少外出，她喜欢在家织毛衣和刺绣。

据尸检报告推定这个女人的死亡时间是前一天傍晚，而致死的原因就是氰化钾中毒。死者旁边找到了果汁易拉罐，果汁里掺有氰化钾，在易拉罐里还有她本人的指纹和唾液。并且，警察发现她的手提包里装着日记本，而最新的日记是一首美化死亡的诗句。据上面的证据，警察考虑这是一起自杀案。

可是，当死者的哥哥从外地乘飞机赶过来，看到山冈上妹妹的死亡现场时，就立即向警察说明："刑警先生，妹妹不是自杀。如果服毒自杀，也绝不会选择这种地方。"

这番话让刑警大吃一惊，随后问他缘由。哥哥指着现场盛开的黄色野花说明了理由。死者的哥哥又说道："妹妹有笔数目可观的抚恤金，所以罪犯一定是惦记妹妹的钱财才毒死她的，然后又把尸体放到这里，还顺便伪造了这样的自杀现场。至于那份遗书，不过是妹妹非常喜欢的诗词而已。一定是罪犯拿到了妹妹的日记本而利用了它。总之，请重新进行调查。"

在死者亲属的强烈要求下，警察决定重新立案侦查。几天后便抓到了罪犯。罪犯是个叫马克的中年单身汉，刚刚搬到死者所在的楼里，得知邻居是个小有钱财的寡妇后，便花言巧语地接近她。

此后，正如死者兄长说的那样，犯罪分子伪造了她自杀的假象，把尸体放到了山冈上的草地里。罪犯以为自己伪装得成功，但没想到由于被害人哥哥的出现而使事情败露。

死者的哥哥为何一眼就察觉到案发现场的问题？为什么对妹妹的死因产生了疑问？

参考答案

死者的哥哥发现妹妹选择的死亡地点有花草，便对其"自杀"产生了怀疑。

因妹妹患有花粉过敏症。如果来到开有野花的草地里，就会打喷

嚏，涕流不止。所以，她怎么会选择这样的地方来自杀呢？

罪犯马克搬进这栋楼时并不知道死者是有花粉过敏症的。因此，马克毒死她后便粗心地将尸体转移到草地里。那里到处都开着野花，正是这个大失误暴露了他的罪行。

大学生神秘被杀案

这是一个寂静的夜晚，但是学生公寓却是热闹至极，学生们都在洗漱，聊天。

突然，一声枪响划破了寂静的夜空，学生公寓本来热闹的场景变得嘈杂起来。学生们朝着枪声传来的地方跑去，那是一间独栋别墅式公寓，在这栋别墅式公寓的二楼，一个名叫哈里的男生倒在血泊里。

宿管老师立刻报了警。探长亨利带着警员随即赶往学生寝室。

探长经过调查，发现这座别墅里住着 4 个学生，格伦、桑尼、哈里、比尔。亨利觉得这 3 个人嫌疑最大，于是决定把他们隔离，单独审问。

亨利先生讯问比尔："哈里中枪的时候，你在做什么？"

比尔说道："我正在屋后面车库那里修车，我还把一盏灯带到那里。就在这时，房间里传来了枪声，我赶快跑进屋去。"

亨利又开始讯问桑尼："哈里中枪的时候，你在做什么？"

桑尼一瘸一拐地来到亨利面前说："我把汽车停进了公寓后面的通道里，回屋的时候被地上的电线绊了一跤。我坐在地上揉着脚腕，大约两分钟后，我听到了枪声，就赶紧站起来。"

亨利开始讯问第三个人格伦："枪响的时候，你在干什么？"格伦说道："当时我正往厨房走，我想到厨房盛一杯冰激凌，这时，我听到后门那里有声音，就向外看了一眼，但是外面漆黑一片，什么都没有，于是就去厨房的冰箱里取了冰激凌，大概几分钟后就听到了枪响。”

为了确定大家说的话，亨利探长开始搜查整栋房子，他先是在冰箱旁找到了一杯融化的冰激凌，接着在后院的地面上，找到了被扯出了插座的电线插头，电线连接的灯还悬挂在比尔的汽车已经打开的引擎盖上。

亨利重新回到屋里，指着比尔说道：“你说了谎话，凶手就是你！”

比尔反驳道：“你为什么怀疑我是凶手？拿出证据来！”

亨利当众指出了比尔的犯罪过程。顿时，比尔哑口无言。

探长为什么怀疑比尔是杀人凶手呢？

参考答案

格伦听到了后门那里有声音，证明桑尼的确在命案发生前回了家，并且被电线绊倒了，这样，扯出插座的电线，就又证明了尼桑说的是实话。

可是，既然尼桑摔倒，扯出了电线，正在修车的比尔就应该突然陷于黑暗之中，可比尔却没有向亨利提到他的电灯突然间熄灭，这是因为此时他正在悄悄地上楼，杀死了哈里，电灯熄灭他根本不知道。

上校离奇死亡

第一次世界大战期间，来自同盟国的华托夫上校缴械投降了。这样的消息对于同盟国绝对是一个噩耗。华托夫熟知同盟国军队的战术、兵力分布甚至将领的习惯，这些绝密情报让他成为同盟国军队的头号敌人。

同盟国军队派出了很多身怀绝技的杀手去刺杀他，但是华托夫上校不仅护卫森严，他还是拳击好手，去刺杀他的人不是被抓住，就是在其铁拳下丧生。华托夫因此洋洋自得，自称是“不怕暗杀的人”。

某天傍晚，华托夫带着副手爬过一座小山头，计划观察一下同盟军的军事部署。小山头的确不高，但着实陡峭，而且山下有条小河流过，对方的军队就驻扎在河边。

华托夫和警卫们悄悄攀上山顶悬崖，趴在悬崖边缘观察同盟军的部署情况。过了很长时间，警卫们发现华托夫还是趴在悬崖边缘一动不动，轻声呼唤也没有反应，不由得着急起来。他们把华托夫拉起来一看：华托夫已经死了！

警卫大惊失色，连忙把华托夫抬回营地，请军医检查。

军医经过仔细检查，发现华托夫全身一处伤痕都没有，平时强壮如牛的华托夫怎么会死呢？一时间，坊间流言四起，都说华托夫是受了上帝的诅咒。

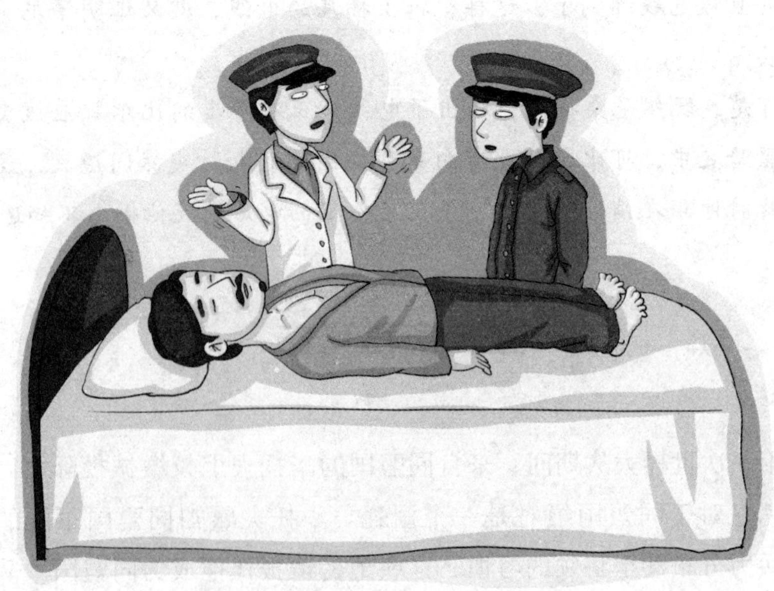

这事越传越远，传到了某位神探耳中。他思考了一下说：“这不过是个巧妙的杀人事件。如果我没有猜错的话，华托夫的望远镜一定遗落或者丢失了。”对此有疑虑的人们翻过那座小山，在河床上捡到了华托夫的望远镜。

请问，华托夫是怎么死的？这位大侦探又怎样在千里之外预料到一架遗落的望远镜呢？

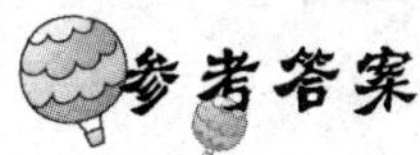

参考答案

华托夫平时身体健壮，心脏健康，他的猝死肯定是非正常死亡，虽然从外观上看不到任何伤痕，但是绝不能排除他杀的可能。他在观察敌情时，突然死亡，因此死前接触的最后一样东西很可能就是望远镜，而望远镜同样可以成为杀人的利器！

被买通的警卫只要把一根毒针和调节焦距的旋钮连接在一起，就能让华托夫自己杀死自己！当华托夫旋转望远镜旋钮时，毒针就直接射进眼球中，导致心脏骤停。

而华托夫在被刺中的刹那，自然本能地将望远镜扔掉。他身处悬崖边，这一无心的举动毁掉了最后的证据。

夜半惊魂

夜半三更，名侦探莫纳正驱车前往某住宅小区，忽然，发现路边躺着一个人，下车一探究竟后，发现这个人已经死了，脖子上留着非常明显的勒痕。

正在此时，从小区里走出一个人，跑过来帮忙。随后他大叫起来：“这是霍普金斯，我认识！我早就警告过他会出事，果然是这样!”

“警告过他什么?你是谁?”莫纳问。

“我是路希，这是我的老邻居霍普金斯，我们认识有18年了。他有枚金币，他总是故意把那玩意弄得丁当响，这太容易招人抢劫了。”

“那金币值钱吗?”

“钱倒不值多少。我告诉他要小心点的，有没有被偷走?”

莫纳查看了尸体，发现了那枚金币和1美元的纸币。

莫纳很快就逮捕了路希。

莫纳逮捕路希的依据是什么?

参考答案

霍普金斯口袋里如果没有第二枚金币，如何发出“叮叮当当”的声音?所以，一定是路希杀了人。

盲人与枪声

在维也纳郊外，住着一位来度假的著名音乐家特里，他经常到他的盲人朋友盖瑞家里弹钢琴。这天傍晚，他又来到了老友家中。突然二楼传来响声，盲人惊叫起来:“哎呀，楼上有小偷!”

盲人掏出随身携带的防身枪，他摸黑上了二楼，在那里没有什么灯，所以对于盲人反倒是比较有利的环境。他的好朋友特里则在后面跟着他，手里拿着根炉条防身。他们推开门，四下一片漆黑，不知道小偷究竟躲在哪里。这样的气氛让人压抑而紧张。

突然，“嘭”的一声，枪响了，小偷应声倒地。特里连忙将蜡烛点亮，发现座钟前面躺着一个人。他手捂着腹部，挛缩成一团，发出微弱的呻吟声……过了一会儿警察来了，抬走了小偷。

特里非常奇怪：为什么在没有任何声响的条件下，盖瑞还能击中小偷？

盲人由于看不到，所以听力尤其发达，他平常会留心座钟的滴滴答答声，但是现在听不到了，说明小偷恰好挡住了座钟的位置，所以他朝座钟方向开了枪，并且击中了小偷。

贝加尔湖上的男尸

世界上最深的湖泊非贝加尔湖莫属。除此，它还是世界上透明度很高的湖泊。有人曾做过实验，风平浪静时，可以从湖面上看到水下将近 40 米深的湖景。

某个夏天的清晨，贝加尔湖上漂浮着一具男尸，一条小船翻扣在水面上，浮在一旁。乍看上去，就像是一起划船时发生的意外事故，可能是湖面吹起的风掀翻了小船，而造成船翻人亡的。

根据验尸结果，推定死亡时间是前一天晚上 7 点钟左右。死者是贝加尔湖边上某个工厂的制图员。他平时住在单身宿舍里，那是一栋五层高的公寓楼。死者有恐高症，所以他的房间是在一楼。

“他不会游泳吧?”警察去他的工厂向他的同事们了解情况。

“经常见他去体育馆的游泳池游泳，游泳技术是很高的。所以，也许是船翻了后，他游泳时发生心脏麻痹死去的吧。夏季的湖水也是非常冷的!”同事们回答说。

突然，警察发现了什么，马上做出判断说：“这不是一起划船引

起的事故，死者即使因为溺水而死，也是有人故意制造的翻船事故假象，这应该是一起谋杀案。”

警察为什么会这样说呢？

警察想起了被害者有恐高症，并且单身宿舍也是在一楼的事情。

多数有恐高症的人，是不会轻易乘船去深海和湖泊游览的，因为在透明度那么高的湖泊里，犹如在高楼上，一定会感到头晕目眩，两腿发软，所以死者一定是被移尸到那里的。

告发的血书

一天，武藏被城主细川叫去伺候。

“你昨天去拜访过赤尾军兵卫了吗？”细川公严厉地问道。

“是的，是他邀请我去的！我大概呆了半个小时。”

“今早，有人发现赤尾被杀了，死在自家的客厅里，是腹部被刺致死，据说是坐着死的。”

“您这样说，是怀疑我是凶手了？”武藏不由得脸色苍白。

“军兵卫是我领地上数一数二的剑客。但在黑暗中刺杀他就可能实现了，如果从正面袭击他，只有像你这样的高手才能做到！”

武藏开始回忆昨晚见他的情景。同样是单身汉的两人，昨天喝了一点小酒，偏巧军兵卫的仆人外出买东西，所以两人只是随便吃了点东西。军兵卫还因为没有好好招待武藏而感到抱歉。因此，根本没有人可以证明自己离开时，军兵卫还是好好的。

细川进一步追问：“你来我这边效力，已经让军兵卫很不高兴了，因为他觉得自己剑术教练的地位受到威胁，所以我很好奇，他把你叫过去是什么目的?”

“他说，自己从某个刀剑鉴赏家那里得到了一把好刀，让我一起去看看那把宝刀。”

“可是，现场并没有什么宝刀啊。”

“可能凶手带走了吧。”武藏坦然地回答。

“如果不是你杀了他，那么凶手又会是谁呢?”细川公从武藏身上移开怀疑的视线，思索着。

武藏深施一礼，退到了外屋，用腰里别着的小刀划破了手指，在白纸上写下了血书。“纸上有凶手的名字，我猜除了他没有什么人可以杀得了赤尾军兵卫，请立即调查。”他遂献上血书。

军兵卫是怎样被杀的?武藏告发的内容又是什么呢?

参考答案

凶手就是刀剑鉴赏家。刀剑鉴赏家卖给军兵卫的宝刀其实是假的。

一个武士，防范之心非常强，可以在他面前随便挥舞刀剑，又不让他设戒心的肯定是那个刀剑鉴赏家。因为只是买卖而已，随意拔刀并不奇怪，况且，买主以鉴赏的心情站在对面时，总会疏忽大意。

鉴赏家把刀拔出来给军兵卫看的时候，趁其不备，刺向军兵卫的腹部。

蒙面占卜师的死因

因在电视节目走红而名声大噪的蒙面占卜师，在某个夜晚被杀

了，经过验尸后，发现他的死因是占卜师喝的咖啡被人下了毒。占卜师死时脸上仍戴着面具，现场的金柜被洗劫一空。

经过调查，目前最有可能的犯罪嫌疑人有三位：占卜师的同居女友，洋子小姐；占卜师的弟弟，隆一；占卜师的客人，来占卜的山村。

据查，情人洋子在知道占卜师喜欢在外拈花惹草，招惹别的女人的事后，基本每天都会和占卜师吵架，所以她有充分的理由杀人。占卜师的弟弟隆一借给哥哥一大笔钱，但是占卜师始终没有还，所以怀恨在心，也有重大嫌疑。另外，在占卜师被杀当日曾来找他占卜的山村先生，他有一屁股的外债，所以也有作案嫌疑。

这 3 个人在占卜师的死亡时间内都没有不在场的证明。

罪犯是哪一个呢?

参考答案

杀人犯是山村。对于已经熟知自己长相的占卜师为什么要对女友和弟弟带着面具呢?对于熟悉的亲人,完全没有必要蒙着脸面。

占卜师是蒙着面与来人喝咖啡时被毒死的,所以占卜师接待的是不能让对方看到自己脸的人。如此说来,凶手只能是来求卜的山村。

山村由于欠一身债,所以盯上了最近非常出名的占卜师,认定他会存有可观的积蓄。

神秘的绑架案

某大公司董事长的孙子被人绑架了,犯人要 1000 万元的赎金。

绑架犯来电话说道:“今晚 11 点,把钱准备好,包起来放进皮箱。交货地点是 W 公园的铜像旁的椅子下面。”为了保住孩子的性命,董事长按照绑匪说的把钱准时放在了交货地点。

交货的时间到了,一位穿着时尚的女性走了过来,她拿了皮箱快速地离开了。她似乎没有顾忌周围的警察。而是径直上了一辆计程车,当然,她的行为是被警察全程监视的。

随后,计程车到了 M 车站。那位女士手提皮箱下了车,然后把皮箱寄存在车站的出租保管箱里,随后空手上了月台。并且趁机跳进刚驶进月台的电车后,车门就关了。于是,这条线索就断了。

但是,警察监视着那个皮箱,皮箱始终被锁在保管箱里,她的共犯一定会来拿。警察们这样琢磨着,但是过了很久,都没有任何动静，于是警方便觉得不太对劲，便叫负责的人把保管箱打开。果真，打开箱子后，发现1000万元早已不翼而飞。

钱为什么会不见，你猜共犯是谁呢?

参考答案

绑匪就是计程车司机。那名女子其实与绑架事件没有半点关系，她只是被委托去帮忙把皮箱拿走而已。

计程车司机趁机把钱拿走后，让女子把皮箱放到车站的保管箱里。当然，女子这样做是有报酬的。

是自杀还是他杀

某个星期六，有个学生在某快捷酒店里服药自杀了。第二天，酒店员工打扫房间时发现了尸体，便立即向上级报告。

“是不是马上报警?”服务员问。

“别傻了，警察一来，就会满城风雨，对酒店声誉会有影响的!”

“那么尸体怎么处理呢?”

“那就把他弄去后面的公园里吧！那里经常会有人自杀。这不，上个月就有一对情侣在那里殉情。警察会把它当作一起普通的自杀案。”午夜，所有人都进入梦乡后，服务员和主管便悄悄地将尸体转移到后面的公园里。

他们随手抄起一张被丢弃的报纸，并把它铺在尸体下面，顺手把遗书放到了死者口袋里，还把有毒的杯子放在尸体脚边，乍看上去，就是一般的自杀现场。而主管和服务员也做得十分利落，丝毫没有留下与自己有关的证据。

第二天早上，尸体被发现了。经验尸后，证实死亡时间应在星期六晚上9时左右。

老练的探长霍尼，在观察过现场后便说：“就算是自杀，但发生的地点也绝不是这里。我揣测是有人怕麻烦，才将尸体迁移到此。”

经验老到的探长为何这样说?

报纸泄露了问题。尸体怎么会躺在时间是星期日的报纸上呢?

真假玉雕

历史博物馆正在展出一件名贵的玉雕。这几天天气非常好，又逢节假日，参观的人很多。临近闭馆的时候，一个鬼鬼祟祟的男子混了进来。他胸前挎着照相机，身后背着一把晴雨伞，趁散场前混乱的时候溜进了大厅的楼梯间里。不久，博物馆便清场了。

小偷观察到展厅没什么动静了，便悄悄地溜了出来，从晴雨伞伞柄中取出撬锁的工具，然后又从相机皮套中取出赝品。此时，外面刚好下起了大雨，风雨声遮盖了一切声音。小偷伺机而动，撬开了展柜，偷换宝物，然后又恢复了原状，溜回了楼梯间。

第二天是个阴雨天，雨从昨夜一直下到上午。博物馆里的人比昨天少了一些，窃贼趁机从楼梯间混了出来，看到其他游客兴致勃勃地讨论着赝品，不由得得意洋洋。可是得意忘形的他正要撑开伞准备离开博物馆大门时，却被前来参观的罗根挡住了。罗根问他昨天晚上躲在博物馆里干什么?

窃贼做贼心虚，解释不清。罗根立刻说：“跟我去趟警局吧!”

你知道罗根是从哪里看到窃贼破绽的吗?

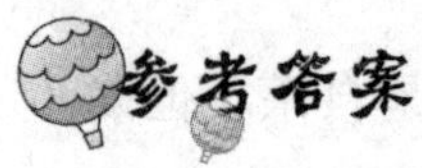

参考答案

外面下着雨，怎么可能打着一把干伞进来，这只能说明他一夜都没有出去。

谁是报警的人

一天，惯犯 B 来到了高级公寓 N 大厦，随意按了一个单位的房间门铃，没有回应。他俯下身，想用自己的万能钥匙打开房门进去遛遛，但是房间里突然传出一个女人细腻的声音："等一下。"紧接着，她提高嗓门问了一声："谁啊?"

慢慢地门被打开了一条小缝隙，然后露出了一张精致的脸孔。

小偷猛地用力推开大门，一个纵身顶进房间，然后用背顶着门。女郎见此状，惊吓不已，大叫道："你想干什么？请出去，不然我要叫警察了！"女郎的话还没说完，小偷就像恶虎般扑了过来，狠狠地掐住女主人的脖颈。不一会儿，女郎慢慢地被制服了，反抗的力量渐渐弱下来，最后只得瘫倒在了地上。

小偷见女主人昏死过去，便开始翻箱倒柜找寻钱财珠宝。

突然，房门被撞开了，冲进来几个警察。他们看了看倒在地上的女郎，说："你被逮捕了！"小偷看到了手铐和握着手铐的警察，吓呆了。他想：我作案多起，从来没有失手过，为什么今天会栽跟头呢？整个现场从窗帘到隔墙，都是十分可靠的，怎么会被发现呢，究竟是谁报的警呢？

请问这是为什么呢？

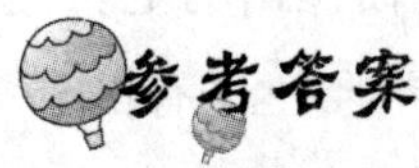

小偷在按门铃时，女主人正在和友人通电话。

女郎说的"等一下"这句话其实是对电话那边的朋友说的，她与小偷殊死搏斗时，手机摔了下来，她的呼救早已传到朋友的那边，她的朋友马上报告了警察局。

被杀写成了自杀

中学生洛克是位不折不扣的业余侦探，平时尤其喜欢看侦探小说，对大侦探福尔摩斯更是崇拜得五体投地，关于他的书籍他几乎如数家珍。有一次洛克在某本杂志上找到一篇关于福尔摩斯破案的文章，作者是这样写的：

福尔摩斯："内侧门的钥匙孔内是有把钥匙插着的，莫塔发现尸体时，有没有用手去拔或者摸过这把钥匙呢？"

莫塔："我没有摸过那把钥匙，因为门本来就是锁着的，打不开，我是跳窗户进来的。"

福尔摩斯："那好吧，我们可以查查指纹。"

福尔摩斯就在插进的钥匙上撒下了一些化学药剂，用放大镜来观察。

福尔摩斯："钥匙柄上，表面和背面都可以清晰看到漩涡型的指纹，好了，这可以和被害者的指纹比对了。"

福尔摩斯随后趴到床上，用放大镜仔细看着女尸右手的指纹。

福尔摩斯："啊！死者的指纹与这钥匙柄上的指纹完全不同。"

莫塔："那就是说她是自杀的？"

福尔摩斯："正是，这样的案件，不需要让我这种名侦探出马吧！"

洛克阅读了这篇文章后，不敢相信大名鼎鼎、世界唯一仅有的名侦探福尔摩斯也会判断错误。

究竟这篇文章判断错在哪里？

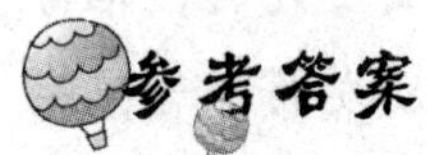

问题就出在钥匙的指纹。

一般人开钥匙时，都使用拇指和食指，不过用的是食指的关节旁边部分，而不是指尖部分，这样才能转动钥匙，所以钥匙柄处，留的是拇指的指纹，不会有食指的指纹。

假警官露馅了

阿克塞是个著名的盗窃犯。多年前，他曾参与一起珠宝行的盗窃案，结果报警器响了，被警察抓了起来，并被判入狱 10 年。出狱后的第二天，阿克塞又来到了这家让他恨之入骨的珠宝行，心里暗暗说道："哼！上一次我差点儿得手了，就是因为那可恶的报警器。这一回，我一定要想办法，让报警器失灵，偷走最值钱的珠宝，报 10 年坐牢的仇！”

怎样让报警器出故障呢？阿克塞想出了一个小花招。他伴装成警察，来到珠宝店里。他对老板说：“警察局最近接到情报，有一伙儿匪徒流窜到本市，准备抢劫珠宝店。为了加强防备，我今天来检查一下防盗报警器。”

珠宝店老板一听，紧张地问：“啊，他们有多少人呢？”只见阿克塞慢悠悠地掏出香烟开始了吞云吐雾，然后才傲慢地说：“具体的人数，我也不是非常清楚。”

珠宝店老板显得更加焦虑，说道：“那……万一匪徒来了，我可怎么办呢？”阿克塞把烟灰一弹，大大咧咧地说：“别担心，警方已经做好了充分的准备，只要防盗报警器一响，那两个坏蛋就别想溜掉！报警器装在哪里？快领我去！”

珠宝店老板一听，马上指着地下室说：“您说的报警器就在下面，您下去检查吧！”等到阿克塞一进去，经理“砰”的一声，把门反锁上，然后打电话报警：“您好，我要报案，我们店里来了一个假警官！”

珠宝店经理如何察觉到阿克塞是冒充的呢？

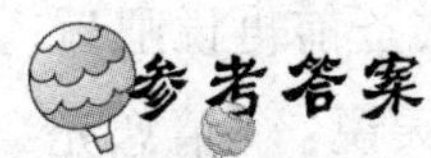

参考答案

阿克塞开始说自己并不知道匪徒人数，但是后来脱口说了两个坏蛋，所以说漏了嘴，露出了马脚。

太平公主的珠宝

唐朝年间，则天女皇武氏最最宠爱她的女儿太平公主，经常赐她奇珍异宝。公主把所有的珍宝放在了两个大盒子里，并把它们放在公主府的仓库里珍藏，这些珍宝价值几千两黄金。

可是，年底，当公主想看看这些奇珍异宝时，却发现它们都不见了。公主立刻将这件事报告了自己的母亲武则天。女皇大怒，立刻召见洛州长史："三天之内必须捉到小偷，不然就定你的死罪！"

长史被吓坏了，马上召见了两县主管捕盗的官员们，说道："两天之内如果你们捉不到盗贼，你们就等着让家人给你们收尸吧！"两县主管捕盗的官员领命回县后十分焦虑，便立即召回所有手下吏卒说："一天之内你们必须抓到小贼，不然，就要你们的命！"吏卒们害怕极了，可是又想不出解决方案。

正巧，这天吏卒们巡逻时巧遇湖州知府的师爷苏无名。这是当时名震八方的智勇师爷。吏率们立刻邀请他去县府走走。县尉听闻苏无名来了，连忙向他道出了自己的烦恼。

苏无名说："我希望您和我一起进宫面圣，我们去圣前再说吧！"县尉答应了他的要求，他们马上进宫。苏无名对武则天说："请您先不要预先设定什么日期，把两县所有的吏卒都交给我派遣吧，我在两个月内，一定会抓到这些盗贼。"武则天早就听闻苏无名破案本事一流，便答应了下来。

苏无名让吏卒们先回家去各办各的事，尽管大家都很疑惑，但是还是高兴地回去了。到了三月寒食节那天，苏无名便把所有的吏卒们都召集回来，吩咐说："你们分别在各门守候。凡是见到有十几个胡人穿着孝服出城，往北亡山去的，就跟上，看他们干什么，然后赶快来向我报告。”

吏卒们分头守在各个宫门口，果然发现有一群非常可疑的人出城，就悄悄跟在他们后面。当摸清他们行踪后，便回来报告了苏无名说：“那些胡人先是到一座看起来很新的坟前焚香祷告，他们确实频频擦泪，却不见神情中的伤感。祭奠仪式结束后，胡人们就围着坟边走走看看，还时不时偷笑。”苏无名听了，便指挥吏卒们把那群胡人都捉起来，并且挖开那座新坟墓，把棺材劈开，果然，里边就是太平公主的奇珍异宝。

武则天获悉破案了，不禁喜上眉梢，立刻赏赐苏无名很多金银珠宝，并且升官两级。

苏无名到底是如何破案的呢？

参考答案

苏无名来到城中这天，正好碰上了这伙胡人“出殡”。虽然是一送葬队伍，但是他们中却只有青年男子，没有妇女也没有儿童，而且送葬过程中，他们时不时偷笑，苏无名便觉得这伙胡人出殡极不正常，便推测这伙人不简单，一定有问题，有可能是盗贼，但又不知道他们埋赃物的地方。

估计到寒食节扫墓的时候，他们应该会出城，所以跟着他们，就一定会有所突破，并且找到那些赃物。

死亡的牙病患者

伊曼纽尔医生是当地非常有名的牙医。一天，他正为患者唐纳德的牙齿制作齿模时，突然诊所的后门被悄悄地打开了，伸出了一只手，手上戴着黑色手套，握着一支自动枪。

枪手开了两枪，唐纳德当场丧命。

“我们刚刚找到一名可疑的人员，”警官吉恩一小时后这样对朗波侦探讲，“电梯管理员说自己在枪击发生前不久的时间里，曾为一个深情紧张的男士引路，那个男人上了15楼，也就是伊曼纽尔医生的诊所所在的楼层。根据描述，这个男人很像是加百列。”

“加百列目前还在假释期间，”警官继续说，“我已经在他的公寓逮到他了。我要审问他在假释期间所犯的任何一件小过错。”

加百列被逮捕后，气愤地问道：“这是怎么回事？”

“你最近见过伊曼纽尔医生吗？”警官问。

“没有啊，怎么了？”

“唐纳德被打死了，大概2个小时前，就在伊曼纽尔医生的诊所里。”

“我一直在午休啊。”

“一名电梯管理员说他在枪击发生前不久，带了一个人上十五楼，而这个人的模样很像你。”

“怎么可能是我？”加百列吼道，“长得像我的人非常多。我从没接近过任何一家牙医诊所。我都不认识这位伊曼纽尔医生，你们又能证明什么？”

“好了，”朗波侦探忽然打断他的话说，“我已经知道谁是凶手了！”

朗波侦探找到了什么证据呢？

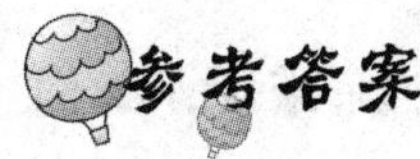

虽然加百列说自己根本不认识这位伊曼纽尔医生，但怎么会知道他是牙医，所以由此可知他撒了谎。

死者手里的金发

某个阳光明媚的清晨，一所高级公寓里，发现了时装模特儿苏珊的尸体。她的脖子被绳子勒着，倒在卧室的床边。

侦探季川发现了尸体。他本来是来调查另一个案子，但是路过这个单位时，发现门没有锁，就想进屋一探究竟，发现模特儿死在了自己家里。尸检报告证实死亡时间是昨晚 9 点至 10 点期间。

季川发现死者的右手攥得紧紧的，打开一看，见手指上缠着几根头发。是烫过的头发。

此时，来打扫的女佣进来了。

“这一定是凶手的头发，在他们打斗时留下来的。一定是恨苏珊小姐的人做的。在苏珊小姐认识的人中，有没有烫发的人？”

“我知道的人中，就只有给设计师当助手的马休了。是住这个公寓9楼的一个年轻人，曾向苏珊小姐求婚遭拒绝，一定是怀恨在心而杀了她。”听了女佣的回答，季川侦探在报警后，来到了9楼找马休。

马休是个金色卷头发的美男子，看上去刚刚理过发。季川侦探将苏珊被杀始末告诉了马休，并询问他昨晚9点至10点钟在哪里？

“我一直都在家里看电视，因为是一个人生活，所以没有人可以给我作证，不过我没有撒谎。”马休回答说。

“你什么时候弄的头发？”

“昨天中午，这与案件有关系吗？”

“被害人死时，手里攥着凶手的几根金发。为了排除嫌疑，我们想拔您几根头发去化验，可以吗？”

“当然可以，几根都行，你们拔吧。”

马休忍痛拔了两三根头发。

季川侦探掏出放大镜，对比着马休与死者手中的头发。

“嗯，这几根头发是一样的，应该出自一个人，不过，我想你不是凶手。”

听了季川侦探十分肯定的话，马休才放了心。

“为什么苏珊小姐死的时候会攥着我的头发呢？”他感到很纳闷。

“最近是不是有恨她的人来过你这里？”

“不，最近没人来……”马休刚说了一半，“啊，差点儿忘了，女佣人来过。她每周一和周五都会过来打扫，昨天早晨还来过呢！”

“那个女佣人也同时去苏珊小姐那里打扫吗？”

“对啊。那个女佣每次来打扫过后，我的咖啡和威士忌总是会莫名地少了很多。”

“原来凶手就是女佣，大概因苏珊小姐发现女佣喜欢偷拿东西，所以才被杀害了，女佣想嫁祸给你。”

季川侦探很快就破了案。

那么有何证据？

参考答案

发梢的形状迥异是破案关键。侦探用两组不同的头发做对比，发现发梢的形状不同。马休的头发由于刚刚被修剪过，所以是齐的，但是死者手里的头发是发梢是圆的，也就是说是理发之前的头发。女佣人为了嫁祸给马休，就找了几根马休的头发，故意攥在被害人的手里。

神秘的焚尸案

著名的推理小说家坤琪正在赶写稿件，虽然马上就要截稿了，但是他还是被报纸上的赛马信息所吸引，满脑子都在想，究竟明天的菊花奖会花落谁家？

正在此时，老朋友柳西警官突然来了。他一副疲惫不堪的神态，无精打采。

“警官，看你那副样子，一定又遇到难事了吧？”

“嗯，就是那件焚尸案。”

“啊，那个案子啊，还没有结案吗，凶手还在逍遥法外吗？”

“别说凶手了，就是被害人的身份还悬而未决呢！”柳西诉苦说。

这起案子缘起于某个周末的早晨，在郊外的森林里发现了一具已经被烧焦的男尸。估计凶手不想让人知道死者身份，所以转移了尸体，还想毁尸灭迹。

“全身都烧焦了，没留下半点线索，但是让人疑惑不解的，是死者的上衣口袋里装着十几块方糖，因为压在被害者的身下所以没有完全被烧化。”

“方糖？被害人带着方糖有什么目的呢？那么，在失踪人群中有没有被怀疑的人呢？”

“有3个人是被怀疑的对象。”

“什么，有3个人？”

“一个是卖马票的酒店老板林田次郎，周末夜里去酒吧喝酒，后来下落不明，据说当时身上带着至少100万元以上的现金。”

“那么，可能是被抢劫了？”

“另一个是南川伸一，一个年轻的白领，爱好骑马。据说周末去

了俱乐部练习骑马，但是到现在都没有回家。”

“失踪的动机呢?”

“他是出名的花花公子，也许被甩掉的女人报复吧。”

“最后一个是谁?”坤琪递过来一罐啤酒，感兴趣地问道。

“叫左媛正也，是位赛马报记者，星期六没有去工作，据说去夜店玩，之后就杳无音讯了。”

“有被谋杀的动机吗?”

“两个月前，他发表了关于赛马场比赛作假的报道，也许被人怀恨在心，伺机报复了吧!”

“3 个人都是单身汉吗?”

“是的。3 个人无论是年龄、身高还是血型都一样。”

“从齿型是无法确认彼此的吗?”

“死者的牙齿在 10 年内都没有治疗过的记录。”

“那指纹呢?”

“也没有了，10 个手指都被烧化了。”

“3 个人都与马有关啊!”

“我觉得你是推理家，又是赛马爱好者，一定会有主意。”柳西一边喝着啤酒，一边想尽快听到这位好友的高见。

坤琪对记下的 3 个人的名单看了一会儿，忽然，注意到了什么:“我知道死者是谁了。”说着便指给柳西看。

死者究竟是谁呢?

参考答案

那具烧焦的尸体上带着方糖，一定是这个男子出门有需要方糖的地方，只有骑马爱好者，才会随着携带，这样可以练习骑马时喂马用的。

咖啡毒杀事件

青年侦探萨拉里因故来到警察局办案，顺道拜访了刑事部。

“部长先生，您的神情比较焦虑，是不是遇上什么事让您神伤?”

“是的，眼下有件咖啡毒杀案，不知怎么着手，案子毫无进展。我们怎么也想不出凶手究竟是怎么让死者喝下毒药的，所以迟迟不能结案。”

“你能否说得更具体一些呢?”

这宗案件发生在某公司的工作时间里，而且几乎是众目睽睽之下发生的谋杀案。

小白领贝克拿着杯子去开水间倒了一杯清水，回到座位上。“为什么不来杯咖啡，而是要杯开水呢?”一个女同事献殷勤的说。

“我要吃感冒药，所以得要白水送服，但是如果您能给我杯咖啡就再好不过了。”贝克边说边从上衣口袋里掏出药包。

“我也要一杯咖啡，谢谢了。”坐在贝克邻桌的布朗也抬起头。布朗非常喜欢咖啡，公司上下都知道。经过布朗这么一说，屋里很多人都想要喝咖啡，女同事不得不为每人都准备了一杯咖啡，另一位女职员也过去帮忙。当然，这样的情形十分常见，而且很正常。

布朗从女同事的托盘中随意取了两杯，将其中一杯递给了邻桌的贝克，并从砂糖壶中取了两勺糖放在自己的杯中。布朗喝了一大口咖啡然后就猛地咳嗽起来，以致咖啡溅到桌前的稿纸上。贝克见此状立刻将自己喝药剩下的半杯水递给了布朗，布朗一口饮进，但痛苦程度也变得更加厉害起来，杯子也从手中脱落掉在地上摔碎了。

“喂，怎么啦!”贝克快速奔过来一探究竟，发现布朗已经倒地，并且停止了呼吸。

“贝克这个人非常灵活，发生了这样的事情，他第一时间把所有的杯子都封存了起来，所以我们赶到现场时，所有的证据都很完好。”刑事部长向萨拉里说明道。

“可是鉴定结果是只有布朗的杯子有毒，其他人的杯子还有砂糖壶上都没有毒药。案发时这两名女职员自然首先被怀疑，但是他们几乎一起准备的咖啡，而且所有人的杯子基本一样，根本难以区别，所以除非两人是串通的，不然很难把有毒的一杯恰好分给布朗。而且她们两位根本没有什么杀人动机也无同谋之嫌。”

“邻座的贝克也没有什么杀人动机吗？”萨拉里问道。

“好像有，有人说过他们玩纸牌，贝克欠了布朗很多钱。他们两个人是相邻坐着的，中间或多或少都隔着许多杂物，如果想这么明目张胆地投毒恐怕不太可能。”

“他们说布朗死前喝过的咖啡溅到了稿纸上，那张稿纸你们保管起来了吗？”

“我想是的。”

“为什么不去化验一下那张纸呢？还有布朗用过的杯子里也放了些毒药，您也取证收起来吧。”按照萨拉里的意思，一小时后从鉴定科传来了结果，部长开心地说道：“真是意外，果不出你所料。”

布朗是怎样被贝克毒死的呢？

参考答案

贝克故意将两人共用的糖壶中的糖放成了盐。布朗喝了变咸的咖啡自然会咳嗽起来，实际上这时候的杯子里是没有毒药的，在场的人不过是事后回忆起来，因为那些症状而以为是因此中毒了，而真正有毒的是贝克给布朗先生的那杯水。

贝克是假装要吃药，所以特地准备了一杯水，然后趁人不备将毒药放了进去。至于布朗杯子里的毒，应该是在布朗死后，贝克偷偷将余下的毒药放进布朗杯中的。所以，即使去检测稿纸上的咖啡沫也肯定不会找到什么证据。为了不引起众人怀疑，贝克也喝了加了盐的咖啡。

台历上书写的数字

莱姆警长接到斯柯达夫人打来的报警电话：斯柯达先生被绑架了。斯柯达是小镇的首富，坐拥百万身家。

莱姆警长立刻和助手赶往斯柯达的乡间别墅。斯柯达夫人告诉莱姆警长："大概两个小时前，我接到一个陌生电话，'您先生现在还活着，如果希望他继续活着，就必须给我20万。'接到电话，我才知道我丈夫被绑架了，是昨晚被绑架的。"

莱姆警长问："昨天晚上您在哪儿，做什么？"

斯柯达夫人说："昨晚我到姨妈家去了，今天上午我才回来，想不到会发生这样的事情。"

"他们有没有讲怎么交付赎金呢？"莱姆警长问。

"他们没有说，只是让我把钱准备好，具体的交易方式会再通知我。如果报警，就等着为斯柯达收尸。"巴特太太抽泣着说。

莱姆警长又询问了斯柯达的仆人。仆人说："并没有注意到这位客人的具体样貌，只是感觉他大概40多岁，戴着墨镜，帽檐压得很低……但从斯柯达先生把客人引向了自己的书房，可以很明确地知道，他一定是熟人，因为男主人从不随意带人去书房。"

莱姆警长发现问不出什么有用的信息来破案了，便开始搜查房间。书房里并没有留下外人的痕迹，而且这位熟人用过的杯子上更是没有留下指纹或者唇印。虽然有鞋印，但是绑架犯一定是有备而来，穿着平底光面鞋。窗子被打开了，从窗子到别墅的后门这段小路上，留下了斯柯达先生的脚印和绑架犯留下的平底光面鞋印。

“犯罪分子逼迫斯柯达先生从后门离开，但是这本台历代表什么呢?”莱姆警长对巴特夫人说，“这上面歪歪扭扭地写着‘7891011’。斯柯达太太，之前您留意到这些数字吗?”

“没有，斯柯达从没有这种习惯。”

“也许这些数字说明他们非常重要，代表某个人的名字或者地址。夫人，你知道斯柯达先生得罪过哪些人？也许你可以提供一个可疑分子名单……”

“舒特、利查斯、麦克尼尔、加森……可是，斯柯达的仇家不一定会是绑架犯吧!”斯柯达夫人不解地问。

“哦，我大概已经知道谁是凶手了!”莱姆警长笑了笑说。

后来，警长凭借这些线索找到了绑匪，并且在绑匪家里找到了斯柯达先生。

绑匪是谁呢？莱姆警长是如何破案的?

参考答案

犯罪分子曾逼迫斯柯达先生从后窗离开，打开窗户时，斯柯达在台历上记下了这么一串数字，当时他肯定怕罪犯发现，所以才没敢直接写名字，而是采用了数字代码。7、8、9、10、11 这一串数字有什么意义呢?

在英语里，这正是 7 月、8 月、9 月、10 月、11 月的字头：J—A—S—O—N，根据这条证据，警长逮捕了 Jason（加森），并从加森的地窖里找到了斯柯达先生。

平反的冤案

明朝的时候，广州揭阳县内发生了一起人命案。

县官大人是性格火暴的朱一明，他负责审查来报案的两男一女，其中一个是位相貌堂堂的清秀男子，他开口便说道："我叫周义，是买布的小贩。大概 3 天前，我和好友赵信计划一起去外地进货，定了艄公张潮的船，约好第二天清晨在船上会齐，可是那天早上我来到船上左等右等，就是不见赵信的影子。我急忙让张潮去叫他。张潮到了赵家发现赵信早已经离开了家，不知去哪了。我们担心他出意外，所以已经找了 3 天，但是还是没有找到。"

周义刚说完，另一男子接着说道："我是个船夫，名叫张潮，以摆渡谋生。大概 3 天前，他们两个来雇我的船，说是第二天要去外地进货，但是第二天只有周义来了，不见赵信踪影，我被派去找赵信。我在他家门口呼喊了半天，赵家娘子过了很久才磨磨蹭蹭地打开门。她说赵信天不亮就走了。"

朱一明听完了两个男人的对话，又开始看了那个女子一眼，问道："你可是赵信的妻子？"

女子低声答道："是。那日晨起，我家官人带了 500 两银子便匆匆出家门。等到张潮来寻他时，我才得知他去向不明。我们连续寻找了 3 天，都毫无踪影。想必官人是遭人陷害了，盼望大人替小妇做主。"说完，她抹了把挂在腮边的泪珠。

朱一明急忙思考着：赵信是个年过半百的糟老头子，如何讨赵氏小媳妇的喜欢，而同时周义正值盛年，血气方刚，怎能不到处留情，爱慕佳人？也许是周义和赵夫人有了私情，两人蓄意谋杀了赵信。于是，朱一明命差役对两人分别施以重刑逼供。二人受刑不过，只得招供，被投入死牢等待重刑。

这时，当朝十分有名的判官张居正正巧巡查揭阳县。读此案卷时，自觉有些蹊跷，便决定亲自重审案犯。大堂之上，两位凶手连口喊冤，周义说自己并没有和赵妻有过不轨行为，而赵氏也声声大呼冤枉，希望青天大人明察事实真相，替夫报仇。张居正觉得两人不像是在撒谎，便命人传来船夫张潮。

"张潮，你把那天的经过再说一遍。要如实讲来！"张居正盯视着张潮。

"是，大人。"张潮并不惊慌，又把那天给朱一明的话对张居正复述了一遍。

张居正听后"嘿嘿"冷笑道："大胆凶手，还不说实话，想用刑吗！"

张潮顿时慌了神智，开始语无伦次，魂不守舍，最后交代了杀人经过。原来，事发当日的清晨，赵信带着五百两银子先于周义来到河边，艄公心生贪念，趁其不备，将其杀死，并且抢了银子。随后将凶手沉尸河底。周义来后，张潮谎称他没见过赵信，还假意上门寻找。张潮以为死无对证，就查无实据了。张居正断案逻辑性强，而且判案仔细，所以发现了破绽。

张居正究竟发现了什么线索，一下子就断定杀人凶手是张潮呢？

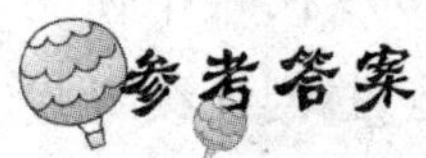

因为周义是让张潮去叫赵信，而来到赵家敲门时却直唤“赵家娘子”。张居正推断，此时，张潮一定已经知道赵信被人杀死了，不然，他就会唤赵信开门。

古堡里的凶杀案

百万富翁穆恩先生最近买了一座古堡，他把它改造成古色古香的酒店，吸引了不少游客。但酒店经常发生神秘的自杀事件，严重影响了酒店的生意。著名的大侦探福特和助手决定一探究竟，于是乔装后，入住了酒店。

穆恩热情地接待了两位侦探先生，还把他们安排在508房间，顾名思义，是五楼的房间。当老板带着两位客人来到五楼时，福特看到房间旁边有一扇大铁门，便问穆恩那是什么地方。

穆恩说：“想参观吗？请帮我拉一下。”于是三人拉开了那扇大铁门，铁门内是一个漆黑的无底洞。穆恩笑着介绍说：“据说这个洞是几百年前用来处死犯人的，可近一段时间总有客人用它来自杀。”三人退了出来，关上铁门。

进了508房间，福特小声叮嘱助手留意穆恩。晚上，两位侦探和衣躺在床上。半夜时分，门外突然传来一声惨叫，福特和助手飞步奔向那扇铁门，只见那扇铁门大开。不一会，就有很多游客聚集过来，大家议论纷纷。这时，穆恩走了过来，他故作悲伤地说道："306房间的那位男客人又想不开，跳下去自杀了……"

"穆恩先生，这是谋杀！你就是凶手！这门一个人根本拉不开，他怎么会打开铁门跳下去自杀呢？"亨特的助手打断了他的话。

"那你有什么证据怀疑是我杀了他呢？"狡猾的穆恩反问道。

神探福特拿出证件告知身份，并对大家说了一番话，穆恩像泄了气的皮球一样瘫在地上。

你知道神探亨特说了些什么吗？

参考答案

无底洞漆黑一片，穆恩根本没有去看清死者到底是谁，就说是306房的人自杀了，可见他就是凶手。

遭抢劫的护士

一位男护士在街上被抢劫，他挨了匪徒一闷棍正躺在医院里昏睡。离案发时间还不到一小时，就有3个人被带到了警局侦讯室，他们被怀疑跟这起抢劫案有关。

贝克街的箫声探长对第一个嫌疑犯A说："A先生，今天早上在卡姆登路发生了一桩抢劫案，一名护士被打昏在摄政公园入口附近。这个抢匪抢走了被害人的钱包。摄政公园路口设了一台测速照相器。

在案发3分钟内，相机拍到3辆超速行驶的车子。这就是为什么你会在这里的原因。A，说说看你今天为什么如此惊慌地超速开车?”

“探长先生，”40来岁的A干咳了几声，“我从来没有伤害过任何人，但我还是希望那位护士先生能赶快好起来呀！我是个商人，只是急着开车去接客户而已啊，我6时30分才起床，不到7时就赶着出门了。”

第二名嫌犯B是位30岁出头的银行职员。“你说的案件完全与我无关啦!”B说道，“我前晚带着女友去阳明山过夜，但是必须趁早晨之前把她送回家，不然会被她爸妈发现的。后来我突然尿急，想到卡姆登路附近有麦当劳可以上厕所应急，所以车速可能快了一点。”

第三名嫌犯C是个大块头，但是他自称是个非常温柔善良的好人。“抢劫案怎么可能是我干的? 我是个好人。每次看到护士我都会过去问问有什么要帮忙的，我最尊敬白衣天使了!”C的口气十分坚定，“我是专程北上来照顾我姑妈的。我照顾了她4天，见她好很多了，所以吃完早餐后我就急着开车回家了。”

经过电话调查，A的家人证实他确实是在七点以前就出门了。B的女友犹豫了一下，还是交代了实情。C的姑妈说辞与她的侄儿相同，并且她还强调自己的侄儿心地善良，并且不会做出那样的事。

贝克街的箫声探长陷入了深深的思考，忽然他笑着释放了其中两名嫌疑犯，而把另一位再次送进了侦讯室。

请猜一猜箫声探长怀疑了谁?

参考答案

箫声探长怀疑的人是A。

A说过一句话：“我希望那位护士先生能赶快好起来呀!”在整个侦讯过程中，黄探长的确说过受害人是位护士，但他从没说过是男性，并且一般人都会认为护士是女的，为何这位A会直接就说受害的护士是“先生”呢？

所以，探长由此判定，A一定“见过”受害人，并且他的嫌疑最大。

一起灭门惨案

某年盛夏的一天傍晚，在湘西湖边的一处简陋的茅草屋里，突然跑出一个披头散发的女人，她一边惊慌地跑着，一边呼喊救命。

有些好奇的人开门想看看出了什么事，但是当他们看见刘素英的时候，又都很快关了门。原来，这家人，男主人是田丰，女主人就是刘素英，夫妻两人靠耕种和织布为生，家里还有一个未满周岁的孩子。田家的日子本来本来过得还不错，但是近来不知什么原因，夫妻两个经常大吵大闹。邻居们认为小两口吵架是常有的事，开始还有人劝说几句，后来就没人理睬了。

第二天黎明，一个老汉因为昨天晚上和田丰约好了一早进山，便早早地叩响了田家的破竹门。屋内没有回声，老汉一推门，门没有锁，咯吱一声开了。他往里一看，吓得叫了一声“妈呀”，调头就跑，屋里的地上躺着3个人，血肉模糊，正是田丰一家。

很快，老汉报告了县衙门，县令及随从立刻赶往事发现场，这里已经围了许多凑热闹的人。县令听完老汉所陈述的事实后，便进到屋内仔细观察。屋内的摆设并没有凌乱，3具尸体规整地放在床上，并且床头上压着一张字条，上面写道：

“生不逢时何再生，互往中伤难相命，送汝与儿先离去，我步黄尘报丧钟。”

县令围着3具尸体绕了几周，若有所思。突然，他站住了，弯下

腰，伸手拉了拉田丰僵硬的胳膊。一会儿县令直起腰，沉思片刻，然后走出茅屋，对还未散去的众乡亲说道：

“田丰杀害妻子后自刎而死，已查证属实。只是这孩子吓昏过去，需要听见母亲的声音才能唤醒。本官宣布，谁能学得刘素英的声音，救活这个孩子，田家的财产就归她一半……”

话音未落，人群中就走出一个自称叫冷华的年轻人，她躬身道：“大人说话可算数?”

县令细细打量一下冷华，说道：“一言为定!”

于是，冷华上前学起来：“宝贝儿，我的宝贝儿，妈妈回来啦……”可是她叫了半个时辰孩子依然“睡着”。

县令问那老汉：“那声音与昨天晚上的刘素英的声音是一样的么?”

“像！真像！像极了!”老汉肯定地点了点头。

县令转身对冷华道：“好了，虽然这孩子没被救活，但你学的声音却很像，鉴于田家已无后人继承家业，所以田家遗产全部归你所有……”

冷华刚要谢恩，县令抬手阻止了她，继续说道：“按当地的习惯，外姓人继承遗产，必须用左手砍断院中最粗的一棵树。我看你身单力薄，不能胜任，就由你指派一个最亲近的人来完成吧!”

听完县令的意思，冷华将脖子探向人群扫了扫。人们顺着她探视的方向，看见人群外突然站起一个壮实的汉子。这个人膀大腰圆，是杨亮，也就是冷华的丈夫。他来到县令目前，拿起柴刀，顺手掂了掂，几步走到院子里最最粗壮的柳树旁。猛地抄起柴刀狠狠地劈了下去，“咔嚓”一声，刀落树断。这时，县令的眸中闪出了欣喜的光芒。他干咳了一声，人们立即安静了下来。只见他开口说道：“本官对这起人命案已审理完毕，现宣布捉拿案犯冷华和杨亮归案。”

杨亮和冷华“扑通”一声跪在地上，口喊冤枉。

县令瞥了他们一眼，大声说道：“你们明明有罪，却不承认！你们哪里有冤？”

杨亮颤颤地说道：“田丰杀妻害命而死，大人怎说是被我们所害？”

县令嘿嘿笑道：“这不过是你们在演戏而已。”说着转向围观的群众：“昨天半夜有人听见刘素英呼喊救命，可是从死尸干黑的刀口上看，发案是傍黑时分。刘素英死后还会到处呼喊救命吗，这当然是冒名顶替，或者是有人故意设计了这场谋杀案。所以我便从声音入手，计划查出冒名者。当查出冷华是冒名者后，她的身体如此单薄，不可能直接杀人，一定还有帮凶。于是，我便利用在现场观察出凶手左手使刀这一特征，以田家的遗产作为诱饵让凶犯自投罗网。”

县令推断合情合理，杨家夫妻两人无奈地哀叹之后，交代了杀害田氏全家的经过。

原来，杨、田两家一直毗邻而居，自然也交往甚密，谁知天长日久，杨亮夫妇便起了私心，计划独占田家的田产，于是精心策划了这起杀人阴谋。

杨亮首先让妻子利用女性的美貌诱惑田丰出轨，从而引起田家夫妻不和；又让妻子从中挑拨，让田家夫妻俩关系日益紧张。这天杨亮就趁着田家夫妇刚刚吵闹过，田丰负气离家的时候，进屋猛地砍死了刘素英和孩子。田丰回家后，被砍死在屋内。夜晚来临时，冷华便打扮成刘素英的装束，学着刘素英的声音，边哭边闹着从田家跑了出来。

田丰灭门惨案，县令从刘素英的刀伤血迹看出，应该是有人冒名顶替。

可是，却怎么知道田丰不是自刎而死呢?

参考答案

县令已经为官多年，早已总结出经验，自刎而死的人，执刀的手应该是软的，死后一两日内，手肘可弯曲。县令在给田丰验尸时发现，死者的左右手都是僵直而不能弯曲的，这很不正常。由此便断定田丰是别人用刀杀的。

恐怖的诉说

这是农历 7 月底一个没有月亮的夜晚，窗外黑得伸手不见五指。

在博物馆的一间办公室里，财务管理员老李颤抖地拉着警官老王的手说：“你不知道我有多么害怕。今天下班以后，我正留在这里加班清理账目，突然看见右边地面上有个影子，而窗户打开着……”

“难道你没有听见什么响声吗？”老王问道。

“绝对没有！当时，收音机里正在播放着音乐，我非常专注地工作着。随着人影的晃动，我看到有个人从屋里跳出了窗外。

“我赶紧打开室内所有的灯。在这之前，我只开着一盏灯。你瞧，就是办公桌右角上的那盏灯。我发现少了两只装着珍贵古钱币展品的保险箱。这两只箱子是今天下午展览会结束后送到这里来清点的。你要知道，这些古钱币可是稀有的珍品呢。这可怎么办好呢？”

“你是几点钟到这里来的？”老王问道。

“大约快九点钟了。”老李回答说。

“你以为我会轻信你的谎言吗？”老王愤怒地反问，“你不要再表演这种骗人的伎俩了！”

警官老王是从什么地方看出老李是在欺骗他的呢？

参考答案

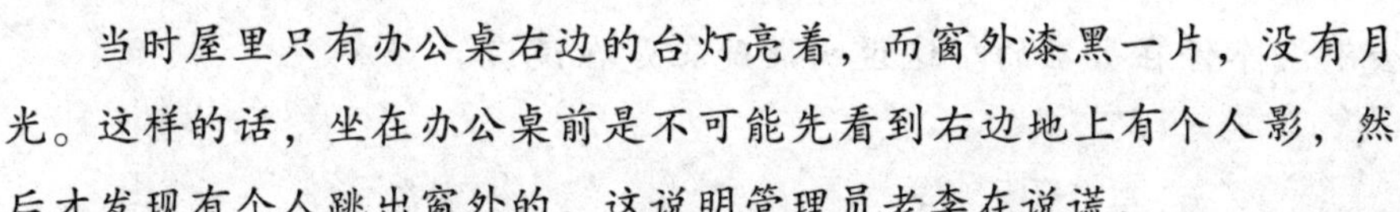

当时屋里只有办公桌右边的台灯亮着，而窗外漆黑一片，没有月光。这样的话，坐在办公桌前是不可能先看到右边地上有个人影，然后才发现有个人跳出窗外的。这说明管理员老李在说谎。

威尼斯的照片

一个案件的嫌疑犯刚从欧洲旅游回国，下飞机不久，就被早就等候在机场的刑警给逮捕了。当问他上周有没有不在现场的证据时，他拿出了一张照片递给刑警，并做了这样的回答："如果是在星期五，那时我正在水城威尼斯。那这是我从德国去罗马的途中，在威尼斯逗留了一夜的证明。那时，我住在桑·马尔格寺院附近的一家小旅馆里。这是住在旅馆附近所拍的照片。你瞧，汽车停在街道上，后面的运河，还有游览船……"

可是刑警只看了一眼照片，就一针见血地揭穿了他的谎言："你胡说！这是你在其他什么有运河的地方的街上拍的。我虽然没有去过威尼斯，但旅游的地理常识我还是有的，你别想用这种照片来愚弄我。"

这张照片违反了旅游的地理常识了吗？问题出在哪里呢？

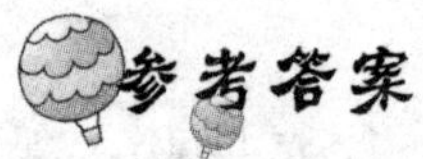

参考答案

既然说照片是在威尼斯拍的，那么照片里有汽车就是不可能的。因为水城威尼斯是由118个小岛和大约400座桥联结在一起的，117条运河是这座城市的主要交通路线。威尼斯与对面的意大利本土大陆之间，是以大铁桥连接起来的，汽车只能进入岛屿的入口处，根本无法进入市内。所以说，位于旧市区的桑·马尔格寺院的附近是绝对不会有汽车停在那里的。这说明嫌疑犯是在说谎。

谁是进屋者

葛顿探长上门拜访黛妮。他按了一下门铃，却没有人理会。

黛妮的门上装的是自动锁。一旦装上，除非有钥匙，否则外面人是根本进不去的。葛顿感到很奇怪，就去请管理员用钥匙把门打开。他进去一看，只见黛妮穿着睡衣，胸部被人刺了一刀，死在了地上。

经过检查和推测，死亡的时间大约是在昨晚9点前后。

经调查，昨晚9点前后共有两个人来找过黛妮小姐，一个是她的情人，一个是她的学生、也是当地出名的流氓。在讯问这两个嫌疑人时，他们都说自己按了门铃后，见里面没人答应，就以为黛妮不在家，就回去了，绝对没有进屋去。

葛顿探长在听了他们两个的诉说之后，突然想起了黛妮小姐的房门上有个门镜，于是他迅速确定了谁是真正的凶手。

葛顿探长为什么能迅速确定谁是真正的凶手？

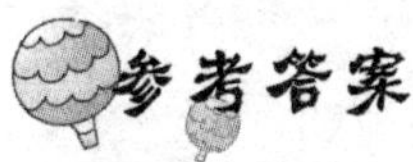

真正的凶手是黛妮小姐的情人。因为，黛妮小姐是穿着睡衣被人杀死的。她家门上有个门镜。当门铃响起时，她必定会先看来人是谁。如果来者是那个学生，她肯定不会穿着睡衣迎客的，只有在看到来者是自己的情人时，她才会穿着睡衣让他进来。

第四章　天道之网恢恢

真凶是谁

某日早晨，一个富翁被人发现死在自己家中。警方初步判断，富翁是被勒死的，死亡时间是昨天的晚10点到12点。警察很快就抓住了3个犯罪嫌疑人，并分别对他们作了审讯。

甲说："我当时一个人在家看电视。"

乙说："我是一名兽医，我当时正在给邻居家的一只老鹅看病。根据我的诊断，它得了癌症。"

丙说："我当时和我女朋友在电影院看电影，我女朋友可以证明。"

根据三人的口供，你能判断出谁是凶手吗？

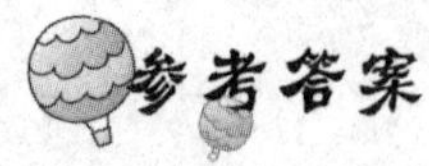

参考答案

凶手是乙。因为鹅是不会得癌症的。所以他是在撒谎。

被遗忘的罪证

惯偷布什再次出狱后，下决心不再偷窃，要好好做人了。很长一段时间，也确实没有了他的消息，就像是消失了一样。很多以前的朋友来找他合作，他都拒绝了。

一天，他的一个徒弟给他带来了一个消息：一位犹太商人看中了考古专家金博士收藏一件藏品。由于举世罕见，所以犹太商人愿出上亿的价钱。但是那个金博士还是拒绝了。

“什么藏品这么值钱?”布什立刻来了兴致。

“听说是古埃及时代的一件饰品。”徒弟说。

“什么饰品能这么贵重？可是，我已经说过，我不再偷窃了。你还是回去吧。”布什说。

徒弟扫兴地走了。可徒弟一走，布什竟坐卧不宁了，他想：偷一个博士的东西应该不很难；如果得手再卖给那个犹太人，我就立刻可以成为亿万富翁了。这个白痴博士，有人出那么高的价他居然不卖。既然如此，我就帮你把它卖了吧。想到这里，布什兴奋不已。事不宜迟，为了能尽快得到那个饰品，布什准备今晚就下手。

晚上，布什带好作案工具，悄无声息地潜入到了金博士家的院子。由于博士家的灯还开着，他暂时在花丛中潜伏下来。此时，正是夏天。花丛中的蚊虫特别多。不一会，布什就被咬得满身是包。不得已，他又悄悄溜到一个窗户下面，心想一会正好从这个窗户翻进屋里。可即使这样，还是有蚊子不断地咬他。他只能强忍着，并用手捏死了几只蚊子。

也不知什么时候，博士屋子里的灯终于灭了。又过了一阵，布什认为博士已经睡着了，便从窗户翻了进去。很快，他就找到一个保险柜。没用多久，他就打开了保险柜。里面有好几件精致的饰品。布什心想：那个价值上亿的饰品也一定在里面，于是不管三七二十一，把饰品全装上了。

回到家中，布什终于松了口气。回头想想有没有留下什么作案痕迹：自始至终都戴了手套和鞋套，也没有和博士发生正面冲突。布什洗了个澡，倒在床上，做他的美梦了。

第二天，布什醒来，已是下午 3 点了。他盘算着怎样找到那个犹太人，把饰品卖给他。突然传来了敲门声。他刚问了句："谁呀？"就有一队警察冲进屋里，把他抓住了。而且昨晚偷回来的东西还没来得及藏起来，就放在桌子上。警察很轻松地就给他来个人赃俱获。

"你们是不是搞错了？"布什还想狡辩。

"不用了，布什先生。你是不是想说现场没有留下你的作案痕迹啊？但是你别忘了，你的血型是很特殊的。你是个惯偷，我们都有你记录。你还是跟我们回去，老实交代吧。"为首的一个警察说。

布什被带上了警车。可是他还是没想明白：血型？可是我又没有受伤，根本没有留下我的血迹。

布什到底遗忘了什么罪证呢？

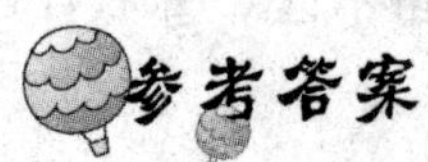

是被他捏死的蚊子的血。

作证的花儿

卡特伯爵家发生了盗窃案。一大早，警察就把他家围了个水泄不通。很多人站在院外看热闹。

事情是这样的：几天前，卡特一家出去旅游。家中只有一个叫瑞恩的仆人看家。今天早上天还没亮的时候，伯爵一家回来了。当时瑞恩还在睡觉。可他们打开房门后竟发现家中被盗了。卡特叫醒瑞恩，问他怎么家中被盗了，他居然还在睡觉。瑞恩说他根本就没听见响声。于是，伯爵立刻报了案。

警察查看了现场。经卡特夫人证实，家里丢了一个首饰盒，里面有很多贵重的首饰，还有伯爵的一块镀金怀表也不见了。

警察想从瑞恩那得到一些线索。但瑞恩说每晚睡觉前，他都会检查一遍门窗，而且昨晚他确实没有听见任何动静。

“这几天，你有没有让外人来过？”伯爵问。

“这——老爷，我——确实我的一个朋友来过这里。他是我的好朋友法特。他在这里住了一晚。我对他说，老爷就要回来了。所以他昨晚就走了。难道是他干的？哦，该死的法特。老爷，你饶了我吧。我不该把他留宿家中。”

听瑞恩这么一说，警察都把注意力集中到法特那里。于是很快抓来法特审问。法特承认自己去过伯爵家并睡了一晚，而且是昨晚离开的，可他根本不知道什么首饰和金表。

这让警察一筹莫展。难道另有其人？于是，警察又回到伯爵家里，仔细侦查。这时，有个警察在楼梯旁的一盆郁金香的花蕊中发现了一颗珍珠。于是叫来伯爵夫人。夫人说那正是她首饰盒里的一颗珍珠。警长重新把视线转移到瑞恩身上。

“瑞恩，你确信没有其他人来过这里吗？”警长盯着瑞恩问道。

“当然，除了法特。我想，他一定是趁我睡着了又跑回来……”

“不用再骗人了，瑞恩！其实真正的窃贼是你！”

在场的人都被警长的话震住了。

警长是如何断定瑞恩就是窃贼的呢？

参考答案

郁金香是在白天开花，晚上闭合的。如果是法特在瑞恩睡着后干的，不可能把珍珠掉进花蕊中。所以瑞恩是在撒谎，他是想嫁祸于法特。

明察秋毫的保安

一名刚上岗的保安正在小区里巡视。突然，一个穿着夹克的人慌慌张张地从一户人家中跑了出来。保安看到他的腋下夹着一个黑色的包裹。

“站住!”保安叫住了那个人。

那人听到叫声，回头一看，是个保安，只得停住脚步。

保安跑上前，问道：“请问您住几楼啊？干吗这么慌张，有什么需要帮忙的吗?”

“哦，我住一楼。上班快迟到了，所以慌忙了一些。”

“不对吧。你这么慌张，家里的门一定要锁好啊。最近总能看到小区里有些奇怪的人，你要小心啊。”

“啊，锁好了，锁好了。谢谢你的提醒。”

这时，恰好有一条狗跑出来，很快跑到他们脚边，还“汪汪”地叫着。

“你看，我们家的狗出来送我了。对吧，妞妞?”说着，那人从口袋里掏出一块狗食扔到地上。那狗立刻吃起狗食，并快乐地摇起尾巴来。“保安先生，我要迟到了。我得走了。”说着，他迅速向小区门口走去。

那狗很快就吃完狗食了。接着在一棵树旁翘起一条腿撒起尿来。

保安立马通过对讲机通知岗哨又把那人截住。

你知道为什么吗？

参考答案

保安断定他在撒谎，他就是个小偷。因为他称狗叫“妞妞”，分明是母狗的称呼。而那只狗居然翘着腿撒尿，分明说明是只公狗，因为母狗是蹲着撒尿的。

厨房里的谋杀

在一幢洋式小红楼二楼的客厅里，周彪正在请刘岱喝酒。他们是师徒关系，周彪是师傅，刘岱是徒弟。现在，奶黄色的圆桌上已摆好了几道凉菜和一瓶老窖。

“来，干吧！”周彪轻轻地拿起酒杯。

“哎，嫂子不来吃吗？”

“她在厨房做菜呢。”周彪放下酒杯，递给刘岱一根香烟，然后朝楼下厨房喊道：“老婆，菜还没弄完吗？”

接着从厨房里传来了“哐当哐当”的剁菜声和一个女人的声音：“你先吃吧，我就来。”刘岱听出了是大嫂姚云的声音。

“来，喝吧。”师徒两人对饮起来。

“这是好酒，是你大嫂特意为你买的，来，别放筷子。”周彪不停地劝酒。

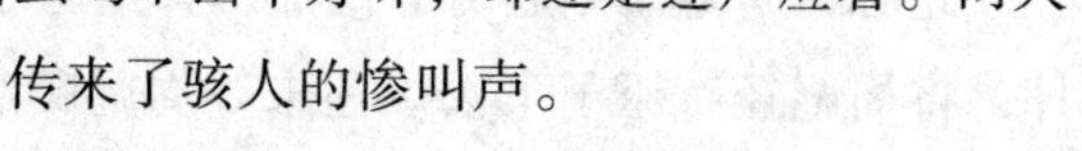

“嗯，真是好酒。”刘岱虽喝不出个好坏，却还是连声应着。两人正喝在兴头上，突然，楼下传来了骇人的惨叫声。

“不好！”周彪惊叫着跑下楼去。刘岱也跟着跑了下去。

厨房里惨不忍睹：姚云胸口插着一把尖刀，就那样卧倒在血泊里。

周彪见状悲痛欲绝，但很快又冷静了下来。他对刘岱说：“小刘，我要去报案，你帮我照看现场。”很快，市公安局刑警队长翟勇和侦察员小金驾车前往出事地点。翟勇和小金仔细勘查了现场，留了指纹，还为尸体拍照取证，最后询问了两位当事人。

“姚云的遇害时间大概是什么时候？”翟勇问道。

“刚才，不超过10分钟。”刘岱抢着回答。

“你们进到厨房时，凶手已经逃走了，是吗？”

“对！”周彪和刘岱同时答道。

“被害人当时就死了吗？”

“嗯，她血流满地，一动没动。”刘岱说完，把目光投向周彪，似乎是希望师傅可以赞成自己的回答。

周彪没有回答，只是双眉紧锁。

听刘岱谈到血流满地，翟勇又探下身去仔细观察尸体身下的血迹。

“血泊？噢……”

翟勇蓦然一喜，但表面未露声色：“小金，你陪他们上去，把报案表格填好，我想再勘察一下现场的情况。”

3个人去了客厅填写表格。周彪抹去了脸上的泪珠，还泡了两杯龙井茶招呼客人。刘岱正想安慰师傅，忽然，从楼下厨房里传出了“哐哐”的剁菜声，然后是一个女人的声音：“你先吃吧，我就来。”

刘岱听出这是师傅妻子的声音，不由得抖了起来：“这，难道是见鬼了？”

此时，周彪立刻起身夺门而出，撞上了上楼的翟勇。翟勇一个侧摔，将周彪径直压了下去。还未等周彪爬起来，小金把手铐狠狠地铐在了周彪的手腕上。

这一切来的有点太过突然，刘岱懵懂不已。只见翟勇从厨房取出一台播放机时，他似乎明白了一切。

在审讯室里，周彪坦白了自己谋杀的罪行，一切只因自己喜新厌旧。

翟勇是怎样推理破案的呢？

参考答案

两位当事人听到惨叫声就急忙向厨房跑，顶多只用十几秒。而在这短短时间里，现场根本不可能血流成泊的。而且，翟勇在现场上又找到了播放机，这便证实了他的推断。

所以队长最后继续推理，现场最有可能且最有作案动机的便是周彪，而能够证明周彪在犯罪时间内不在犯罪现场的人只有刘岱一个人，而刘岱又恰是被周彪请来做客的。翟勇因此认定谋杀姚云的就是周彪。

丁博士的遗产

独居在郊外的丁博士在家被人杀害了，这是一起枪杀案。

尸体是在第二天清晨被保姆赵妈发现的。当时死者倒在了书房的正中央，并且胸前中了一枪。屋内的灯还是亮着的，而此时博士还穿着礼服，恰恰倒在灯下。

窗户关着，窗帘也紧紧地拉着。在窗帘和玻璃上有一个弹孔，死亡时间可能是昨晚的 9 点左右。侦查科长老赵和助手小王奉命赶到，勘察了整个房间。当地治安队长把情况做了简略介绍：“犯人应该是从距离院子大约 40 米的杂树林里开枪射击的，一枪命中，也许根据这点好枪法的线索，可以找出犯人。”

老赵却提出疑问：“黑色窗帘的布料那么的厚，即使开着灯，似乎也不容易将影子照出来，让外面的人看到。而且，丁博士是在电灯下方被射杀的，所以他的影子很难映到窗上。犯人怎么能这么准确地射击呢？难道是意外的吗？”

赵科长的疑惑，使治安队长不知该怎么回答，只是答应可以在天黑时做一下试验。

试验过后，证实了赵科长的疑惑。“仅仅从窗帘缝隙处，就可知室内是否开着灯，然而也许罪犯是一个神枪手，一枪毙命。”治安队长感到有些奇怪。

“您知道犯人是谁吗?”老赵直接地问。

“博士有一大笔遗产，他没有孩子，所以继承人是两个侄子，利明和利祥，他们都有重大嫌疑。”

接着警方便询问了利明和利祥，但是都缺乏有力的证据。实际上，案发的当晚，两人在叔父家共进过晚餐。之后，3 人在书房隔壁的起居室里谈话。据说八点半的时候，利明和利祥各自回公寓去了，而保姆赵妈在七点半就走了。这段时间，两个侄子都去过书房一次。

先是利明。在谈话中，博士的烟抽完了，利明回去帮叔叔取烟。回家前，他还从书房借了几本书回家。这段时间，丁博士并没有回过房间。这些，两个侄儿都可以为彼此作证，并且离开前，丁博士一直把他们送到门口。第二天发现尸体时，他的家门是紧锁的，所以呈现了密室状态。

再说，两个侄儿各自住在自己的公寓里。据他们说，当晚在告别叔父后，他们一个向左，一个往右各自回家去了。赵科长想到这里，陷入了沉思。过了一会，赵科长突然睁开眼睛，对治安队长说:“据保姆讲，尸体被发现时，书房里的电灯还亮着?”“是的，电灯是亮着的。”“那我大概知道谁是杀人凶手了，犯人很聪明地运用电灯杀死了博士。”

那么真正的犯人究竟是谁呢?

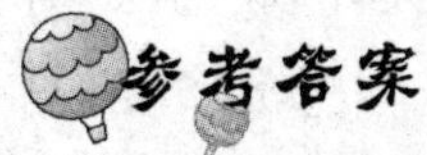

参考答案

凶手就是利祥。他离开叔父家前，还去了书房，这就是证据。

凶手从书房出来前，弄坏了灯头上的开关，或者直接摘下电灯泡。所以博士进房间后，发现电灯不亮，只能想办法把电灯弄亮。这时，博士都一定会站在电灯的正下方。

所以，从书房的窗户看到电灯亮的瞬间，被害人应该就在电灯的正下方，所以可以很准确地瞄准射击。当然，书房电灯的具体方位，凶手早已预测好了。

读经的死囚

400 多年前，英国有个名叫阿奇·阿姆斯特朗的强盗，有一次因为盗窃王室珍宝而被詹姆士侦探抓获，法庭判他偷盗有罪并处以极刑。

当时的英国国王正是詹姆士六世，他闻名于世的功绩便是钦定了《圣经》，同时还善于倾听臣民的意见。罪犯阿姆斯特朗在得知国王这一特点后，便计划做点什么保住性命。

他对狱卒说："听说国王钦定的英译《圣经》已经完成了，我还没有读过《圣经》，这是我对于这个世界最后的留恋，我想把《圣经》读完后再死，请求您替我向尊敬的国王说说看。"狱卒把这件事报告了上级。接着，这件事就传到了国王的耳朵里。

"那就完成他最后的心愿吧，在他读完《圣经》之前，暂停执行死刑。"

有了詹姆士六世的特赦令，崭新的《圣经》送到了阿姆斯特朗手上。接过《圣经》后，他对詹姆斯侦探讲了自己的阅读计划，詹姆斯顿时醒悟了，原来国王上当了。

他的计划是什么呢？

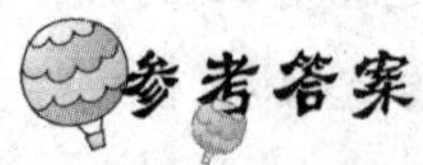

参考答案

阿姆斯特朗对詹姆斯说："这么好的经典，我要细细品读，大概每天要品味一行。"詹姆斯反问："那至少要上百年的时间吧？"阿姆斯特朗回答道：“您的确许可我读完《圣经》再行刑，但没有讲读完的期限啊！”

野炊与命案

五位好友一同去野餐，一个是公司总经理，一个是他的太太，一位是总经理夫人的妹妹，一位是妹妹的男朋友，还有一位就是总经理的私人心理医生。

总经理开车，总经理夫人坐在副驾驶位置，妹妹和男友一起坐在第二排，第三排坐的是心理医生。当车开到郊外时，总经理突然朝后视镜看去，说了一声：好美啊。可是车上的其他人都不觉得美。

到达目的地时，总经理和心理医生一起去爬山了，妹妹和男友又去看风景拍照了，最后只剩下总经理妻子一人。

总经理和心理医生二人开始爬山，爬到半山腰时，总经理觉得自己憋闷得厉害，呼吸困难。经心理医生观察需要上医院观察治疗，于是两人便往山下走。到了山下，总经理和太太决定先回家，于是给妹妹和男友留下纸条，让他们自己乘车回家。于是他们三人就先走了，妻子驾车来到医院把一切安顿后，他们接到了一份电报，说妻子的母亲病亡了！

总经理让太太先去，自己身体舒服点再过去。就这样，妻子自己驾车前往娘家，不小心开到了一处偏僻小路。只见前面有条小路，只能容下一个车道，而前面有辆车停着。总经理夫人上前询问并叫对方把车开走。突然，车上跳下一个男子，身着黑衣，白口罩，还带着个黑墨镜！他步步逼向总经理妻子，最后把她逼向一处陡峭的悬崖边……她临死之前说了一句：你的眼镜好熟啊！

几个月后，总经理痊愈了，约了心理医生一起去踏青，地点偏巧

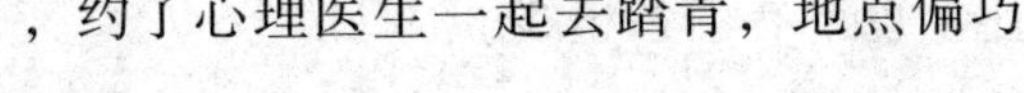

是妻子出事的地方，这次总经理提前到了。这时心理医生在背后拍了拍总经理。总经理吓了一跳，回头一看笑着说：哦！原来是你啊！

谁杀了总经理的妻子？为什么？

参考答案

凶手是心理医生，其实总经理和心理医生是同性恋情侣。总经理和心理医生一起去看风景，留下妻子一个人。说明总经理和妻子关系并不好。总经理的妻子感觉眼熟的眼镜其实是自己丈夫的。

总经理一直在医院，并没有杀人的机会。杀人的是心理医生。

将军是自杀还是被谋杀

某国将军发动政变未遂，结果被当局永远软禁在别墅内，派有警卫严密把守。

将军明白自己没有机会离开别墅，终日与爱犬为伴，不如自己来个了断。但他计划给外人以被害的假象，这样还可以嫁祸政敌。

某个早上，当勤务兵过来打扫房间时，发现将军已经死在床上了，他的颈部被刀割断动脉。但是整个房间没有任何搏斗过的痕迹，所有的家电也都是完好无损的，更是没有发现任何凶器。

地板上只有一个被打开的杀虫剂罐头，散发着强烈的气味。将军的爱犬也失踪了，估计是从狗洞里跑出去了。这是一个很小的洞，只能容下小狗的身子。

最后，卫兵在花园里发现了小狗，又在某棵大树下发现了一把小刀，但是刀身上并没有半点血迹，只是刀尾部系了一条细短线。在狗尾上也系有一条粗线。

卫兵百思不得其解，只好把事情的原委向上汇报。

将军是如何把自杀伪装成谋杀的？

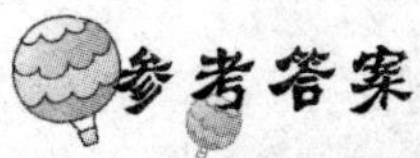

参考答案

将军在死前用屋内的冰箱做了方冰块，里面冻结了两段线。其中一根粗线系在小狗的尾巴上，另一根细短线系上小刀尾部。将军在割喉后，迅速擦掉血迹，又把杀虫剂罐头打开，强烈的气味刺激小狗钻出洞去。后来冰块融化，这才使小刀丢落在大树旁。这一切都是将军制造的被害假象。

浴缸谋杀案

富豪布莱克在海边有一套豪宅，这天，好友汤姆探长想去拜访一下布莱克先生。于是，出门前，汤姆给布莱克先生打了电话，告知布莱克先生自己大概半小时后就到。

大约 30 分钟后，汤姆准时到达，但是等了 5 分钟的汤姆也没有等到布莱克先生出现。这时仆人特里说：“老爷去洗澡了，大约已经半个小时了……”

汤姆探长撞开房门，发现布莱克先生已经去世了，尸体泡在浴缸里。从初步检查的结果来看，他是溺水死的，死亡时间大概在半小时前。

警察在尸检后发现，死者死于海水溺水。他的肺部残余大量海水，但是没有淡水残留。整个下午，家里只有仆人特里在家，没有别的客人来过。

汤姆对警察说：“抓住特里，只有他有作案时间，他就是凶手！”

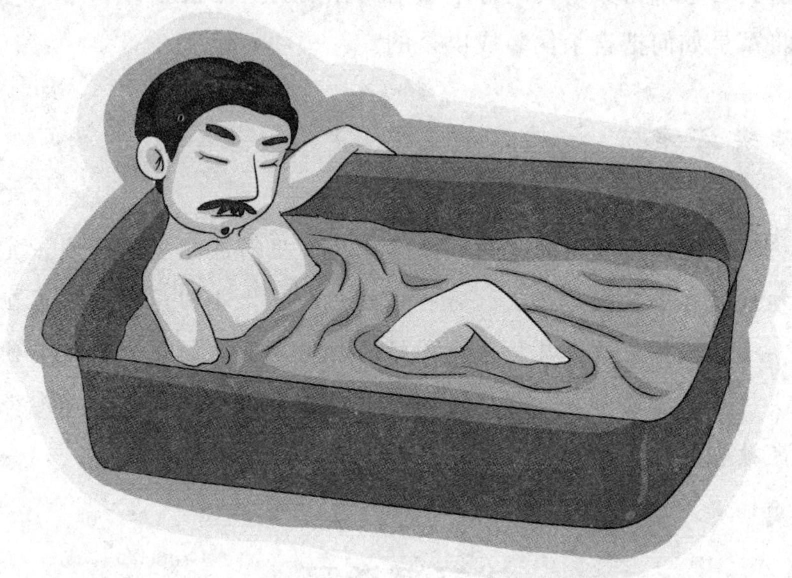

“怎么可能是我呢?”特里拼命地摇头，“您半小时前打电话时，老爷还在接电话呢！从海边到这里至少要一个小时，就算我是坐着飞机去也来不及啊！说不准，是海鬼，带走了老爷或者在浴缸里杀死了老爷!”

汤姆探长仔细查看了浴缸，发现在浴缸边上有些残留的细小白色粉末，他回头冷笑道：“你以为你的小把戏能蒙蔽得了我吗?你就是凶手!”

聪明的读者，特里是怎么在 20 分钟里完成“不可能的任务”的呢?

参考答案

在海水中溺死是一条至关重要的线索，它可以暗示案发地点是海边，但是它不足以证明特里没有犯罪的可能。

被海水溺死不一定非要在海中发生，如果有足够多的海水，浴缸也可以成为作案地点，当然，事后要放掉海水而装满淡水，这一切大概只需要10分钟。

电梯内的谋杀案

陈墨是位非常有名的画家。因为一次意外，他的腿受了伤，自此他只能以轮椅代步。虽然他的画在市场上很走俏，但他从不利用此赚钱，他喜欢把这些画送给朋友或者慈善机构。陈墨住在一栋五层高的独立洋房里。他为了行走方便安装了专用电梯。最近弟弟陈远失业了，哥哥便叫他做助手，还可以照顾自己的饮食起居。兄弟俩相处得不错。

有一天，陈墨的老同学林方来探望他。这也是一个因意外而坐上了轮椅的残疾人。和他一同前来的是慈善机构的朱先生。他们准备和陈墨再讨论一下如何捐助一家新的医院的事情。

当林方和朱先生进门时，陈远热情地接待了他们，并请两位在一楼大厅等候，陈远就用对讲机与楼上的陈墨通话，要求带客人上五楼画室，但是陈墨坚持下楼与客人见面。

这时，电梯从四楼开向了一楼，没有停过。电梯一到楼下，自动门就打开了。但是他们看到的陈墨竟然已经死在了狭窄的电梯内。有把锋利的短剑刺穿了陈墨的后颈，在剑柄上系着一条粗橡胶绳子。

陈远走进电梯内，把陈墨和轮椅一起推出来，此时陈墨的心跳已经停止了。

“奇怪，难道楼上还有别的人?”

“除了这个电梯之外，还有没有其他的电梯?”

林方及朱先生询问陈远。

“嗯，房子里的确有个可以备用的回旋梯，如果凶手真的在楼上，要捉住他，简直是关起门来打狗。”

“我们分两批来进行查找吧。”

林方搭乘狭小的电梯上楼，到了四楼，根本没有人的踪影。他看了一眼陈墨的画室，地上散乱地放着图画；此时，陈远也气喘吁吁地从回旋梯上来了。

朱先生拨打了电话，通知警察这里发生了谋杀案。随后他跟着陈远，钻入电梯的纵洞内。不一会儿，他钻了出来，身上沾满了灰尘。

四楼画室是一个镶满铁窗的房间，所以凶手根本无处可逃。陈墨坐电梯下楼时，是直达一楼的，根本不可能当着 3 个人的面有人逃走。

此时，林方忽然回忆起，在电梯的上方的顶板上有个气孔。

“我终于明白了，凶手是弟弟陈远。我们造访之前，他已经准备好了一切。等一会警察到了，你就和警方说，立即逮捕他。”

你知道这是为什么吗?

参考答案

凶手是利用了橡胶绳子的反弹力射出短剑正中被害者的。

林方在搭乘电梯上楼时，早已看穿了陈远的计谋。凶手在剑柄上，连接了一根橡胶绳子然后拉到电梯的换气孔；而橡胶绳子的另一端是绑在电梯顶端的操纵孔上。

当四楼的陈墨乘坐电梯下楼时，绳子就自然地随着电梯下降的幅度而伸长，当拉到不能再长的位置时，绳子就断了，因为它有反弹力的缘故，短剑就会像弓箭般坠下，刺到了坐在轮椅上的陈墨。

电梯的空间十分狭小，坐轮椅的画家每次都习惯在同样的位置，所以如果提前做好功课，那么短剑下坠的方向是可以被设置的。普通人坐电梯时几乎很少注意上方，所以根本没有注意到换气孔的短剑。

后背中弹的人

一天晚上，芝加哥城里发生一桩大劫案。闻讯赶来的两名警察和强盗发生了激烈的枪战。

枪声刚停不久，只见一个陌生男子闯进了郊区一位农户家中，他对农民说："我听到枪声后，就看到有两个警察正在追逐一个人，于是我也追了上去，那人打死了两个警察，我也受了伤。"

农民把他领到医生那里，从陌生人的后背取出了子弹，然后给他清洗了伤口，又借给他一件衬衫穿上。

正在这时，警长带着人冲了进来，其中一位警察用枪指着陌生人，说："刚刚有个持枪者杀了我的两个手下，我觉得你就是那个抢劫犯。"

"冤枉啊！"陌生人喊道，"我是在帮助那两个人追赶罪犯。"

"你后背受伤，说明你就是那个逃跑的人而不是追捕的人，子弹总不会绕道飞吧！"

农民听到这里，指着陌生人说："也许正是这后背上的枪伤才可以证明他不是罪犯！"

农民为什么说陌生人不是罪犯呢？

参考答案

因为警察来到医生家里时，那个陌生人穿着医生的干净衬衫。警察如何知道这位陌生男子是背后中弹呢？除非他就是当事人，参与了枪

战。但是参与枪战的只有两个警察，并且都死了，所以，穿着警察制服的两人才是罪犯，是冒充的。

叔叔的死因

斯普利特是一位远近闻名的集团总裁，他名下有数家公司和巨额存款。遗憾的是，斯普利特没有孩子。随着他的年龄越来越大，他决定把这笔财产全部留给两个侄儿和侄女，阿萨和塞西尔，还有波比。

某天上午，斯普利特叫了律师，并且当着3个侄儿、侄女的面，郑重地签署了遗产继承文件。3个孩子即将继承巨额遗产，都显得十分开心。

同一天，当律师在斯普利特房间整理文件时，忽然听到斯普利特一声惨叫；律师被吓到了，马上飞奔下楼。

律师在基本上没人用的后楼梯上面，撞到了阿萨。看到有人走过来，阿萨便结结巴巴地说道："声音是从一楼传来的。"

律师马上下了狭窄的楼梯，一个不小心，头撞上了蜘蛛网。

他用手捋下蜘蛛网，便来到了一楼的厨房。斯普利特就躺在地板上，背上插着一把刀，已经死亡了。

聪明的律师马上叫人保护好现场，同时报了警。律师透过窗户向花园看了看，他看到有向厨房走来的脚印。

过了一会，警察来了，开始了侦查工作。

塞西尔说："我一直坐在主楼梯旁的客厅里，应该有人从后门走了，我没看到别人从这里经过。"

"我也是！"波比指着自己鞋上的泥巴说："我一直在花园里散步，并没有什么人通过啊！"

"好了，你们不用解释了，我已经知道谁是凶手了！"律师郑重说道。

你知道凶手是谁吗？

参考答案

律师用的是排除法。当律师走后楼梯时，脸上撞到了蜘蛛网，说明阿萨没有从后楼梯走过。同时，阿萨如果走过主楼梯，那么一直坐在主楼梯旁的塞西尔应该看到过他。另外，刚擦过的厨房地板上没有脚印，说明波比没有进过厨房。所以，最后只有塞西尔有充分的杀人时间，并且他也说了有人从后门闯了进来这样的遮掩真相的话。

找金笔的凶手

在玛利亚大街布鲁克巷8号的快捷旅店里发现了一具女尸。救护人员、验尸官、警长盖里，还有名侦探莫莉火速赶往现场。尸体是位妙龄女郎，背部受刀伤致死，凶器是一把水果刀。

“她是吕蓓卡·兰恩，”盖里警长向莫莉介绍道，“死者上周刚结完婚，新郎是大卫号船长西奥多·保罗。昨天保罗船长已驾船前往亚洲。他们的寓所位于第六大街，那是一套小巧的公寓。”

“有怀疑的人吗？”

“可能是查理·巴尼特。他们曾经交往过，但是女士最后还是选择了西奥多。”

“让我去探探巴尼特虚实吧。”莫莉说着故意将一支绿色金笔扔在吕蓓卡寓所门口。巴尼特正在后院给车加油。莫莉看到巴尼特就问：“吕蓓卡死了，你知道吗？”

“啊！不，不知道。”巴尼特慌张地说道。

“哦，这样啊！”莫莉说，然后她故意用手掏口袋里的钢笔准备开始记录，“噢，糟糕，我的金笔一定是刚才不小心掉在吕蓓卡的房间了。我得马上去办另一件案子，你去帮我找回来吧，顺便告诉警方你与此案无关。你不会拒绝吧，找到后送到警察局就行了！”

巴尼特十分为难，但是最后没有拒绝，无可奈何地说：“好吧。”

巴尼特带着钢笔来到警察局，他立即就被逮捕了。

为什么警方断定他是凶手呢？

参考答案

巴尼特口口声声说自己不知道吕蓓卡·兰恩被谋杀之事，但是他却很清楚杀人现场的具体位置。如果他是被冤枉的，他应该去吕蓓卡的新居寻找金笔。这是侦探为嫌疑人设的局，主动出击，让嫌疑人自己在细节上露出马脚。

奸诈的黑风大盗

商父是宋朝时期大名鼎鼎的临城县县令，以公平公正、断案奇准著称。

某天，黑风大盗被商父抓住了。这个大盗自知在劫难逃，但是想临死前捉弄一下商父，来次智慧博弈。于是，一个坏主意开始形成。

县衙里有个出名贪婪的狱吏，叫秦鬼，此人异常凶狠。他经常收礼受贿，哪个罪犯家属若不送好礼给他，他便对那个犯人拳脚相加。

这天，秦鬼巡查大盗黑风的监牢，黑风忙凑上去对秦鬼说道："我没几天可活了。我想送你一样礼物，就怕你不敢要。"

"什么啊？快说吧。"秦鬼一听大盗要送礼物，眼巴巴地瞅着大盗。

"这财宝不在我这，但会有人给你送来。"

"谁会送来？"

"别急嘛，事情是这样的，"黑风瞅瞅外面没人，说道，"那笔财宝都放在富户人家里，你给我一个富户名单，我就叫你收到那些财宝。"

秦鬼并没有明白，又问道："真的吗？"

黑风看秦鬼那副贪婪的样子，心里暗自开怀，但还是一副不苟言笑的严肃模样，说："老爷再问案的时，我就供出这份名单，说他们窝藏我的赃物，到那个时候，他们一定会死不认罪，这样，他们就会被送进监牢里，由你来看管。你想，他们有的是钱，一定会给你送礼，让你好好照顾他们的。"

"太棒了！"秦鬼乐得美滋滋的。他很快开了个名单，递给黑风说道："好，得到宝贝后，我一定给你买好酒好肉来犒劳你。"

"小弟定当效力，以后还望哥哥多多照顾小弟。"黑风目送秦鬼走后，禁不住大笑出来。

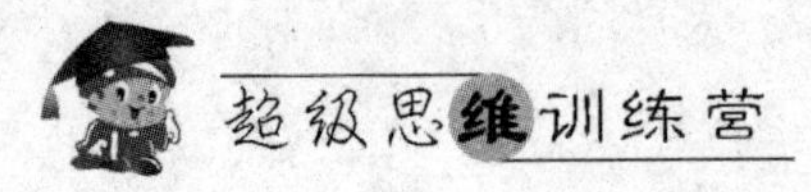

数天后，商父开始审理黑风盗案。商父发现，黑风也许早知自己结局，所以什么都不怕。商父望着黑风问道："你是哪里人？"

"江湖儿女，四海漂泊。"

"名字？"

"人称恶鬼黑风。"

"犯了什么罪？"

"盗窃。"

"盗了多少财宝？"

"没有具体的数量。"

"赃物现在都在什么地方呢？"

"都藏在我的那些窝主家里。"

"他们是谁？"

"李廷、刘功、王璐……"黑风一下子念了一连串至少七八个名字。商父觉得自己舒了口气，暗自庆幸这则案子审得顺利。但他转念一想，鼎鼎大名的黑风怎么可能就这么老实交代了，一定有诈。终于，他想出了解决方案，并叫随从把那些黑风说出来的人全部抓来。

第二天一大早，随从们把那些"窝主"逮到了大堂上。这时，商父并没有审问这些人，而是让他们跪在大堂上等候。一会儿，大盗黑风也被带了大进来。商父指着这些"窝主"，对黑风说了几句话。黑风没有办法，只得无奈说出真相。于是，商父便把那些无辜的人释放了，将秦鬼革职并重打 80 大板。最后，将黑风斩首示众。

商父究竟是如何逼迫黑风说出实情的呢？

参考答案

商父对黑风说道："我按你提供的名单，把这些'窝主'都抓来了。现在你来看看，这些人里有没有抓错的？"

“就是他们，一个也没错。”黑风只扫了这些“窝主”一眼，便肯定地答道。

“好，现在我来问你。”商父指着最边上跪着的一个人问道：“他叫什么名字?”

“他……”黑风干眨巴眼睛说不出话来。

“我再问你，”商父又指着中间跪着的一个人问道：“他是谁?”

“他是……”黑风还是答不出来。

“好了，不要再装相了!”商父厉声喝问道，“那些名字被你记得烂熟，却又不能把人和名字对起来，岂不是怪事吗?还不从实招来!”

黑风低下了头。他承认自己失败了，不得不交代出事情的真相。

河畔上的谋杀案

在大峡谷河上游有一座古代遗址被发现了。文物工作者斯特劳、波特和亚瑟三人组队前往考察。

某天夜里，波特外出勘察，之后再也没有回旅馆，大家都很为他担心。第二天清晨，波特的尸体就在河边的悬崖下被人发现了，貌似是一起意外事故，死于坠崖。

经法医鉴定，波特大概死于头晚 10 点左右。勘察现场时，发现死者手边的地面上写下了个“Y”字。

“这应该是临终遗言，他想告诉我们谁是凶手吧?”朗波侦探问道。

“亚瑟十分可疑。他的名字是以‘Y’开头的。”警官说道。

亚瑟辩解说：“我一直待在旅馆里，如何杀波特呢?”

“死者是颈骨折断后瞬间死去的，你昨晚 10 点在哪儿?”

“我在房间里，一个人，没有办法提供证明。不过，如果我可能杀人，那么斯特劳也有嫌疑。”

斯特劳生气地说："你瞎说什么？"

"难道不是吗，昨天波特发现了陶偶，你希望能和他一起研究，但是他拒绝了。"

"我承认这点，但是你也说这样的话啊，而且那个叫拉维尔的老头也很可疑。"

警官追问："谁是拉维尔？"

"是研究乡土史的拉维尔。他喜欢一个人调查遗迹。我们想跟一起干，但他不接受；对我们提出的问题，他拒绝回答。"

警官若有所思。突然，朗波有了新发现："被害者把手表戴在右手腕上，那么亚瑟显示，波特应该是个左撇子了？"

"对！"

"对了，还有一个问题，斯特劳先生，你和波特他们认识多长时间了？"

"昨天才见面的。"

“哦，那我就知道谁是凶手了。”

究竟谁是凶手？是如何判断的？

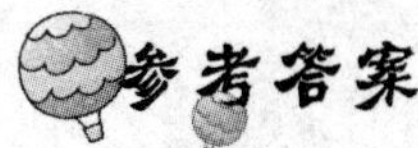

参考答案

被害者因为颈骨折断所以当场毙命，他没有什么时间留下任何文字。所以，“Y”字应该是凶手写的。所以绝对不会是拉维尔，因为他根本不认识这3个人，当然不可能知道“Y”这个字母。

亚瑟并不是凶手，他不会傻到留下自己的名字符号。而斯特劳才是凶手，他试图杀死一个人，嫁祸给另一个，目的就是将3个人的研究成果据为己有。

经济间谍之死

经济间谍佐佐木已经被人识破，此刻正在接受W公司老总们的审讯。被佐佐木盗去重要机密的W公司的老总们正摩拳擦掌地盯着佐佐木。

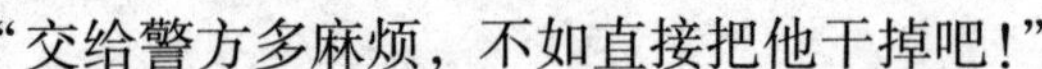

“交给警方多麻烦，不如直接把他干掉吧！”

“把他碎尸万段吧！”

“不，我想到了更加残忍的办法，不如把他绑起来放到铁道线上去，这样火车一来，轧在上面就会把他碾成肉饼，既破坏了现场，还不会留下什么痕迹。今天夜里就干，这段时间先让这家伙睡下。”

虽然一直需要强大的心理素质支撑的经济间谍，但是不能改变生性胆小的本质，加之佐佐木心脏又不好，他十分想逃走，怎奈被注射了镇静剂，进入了梦乡。醒来时，佐佐木发觉自己被结结实实地绑着，扔在铁道线上。手一动就碰到碎石。而且，不知为什么还被戴上了眼罩，一

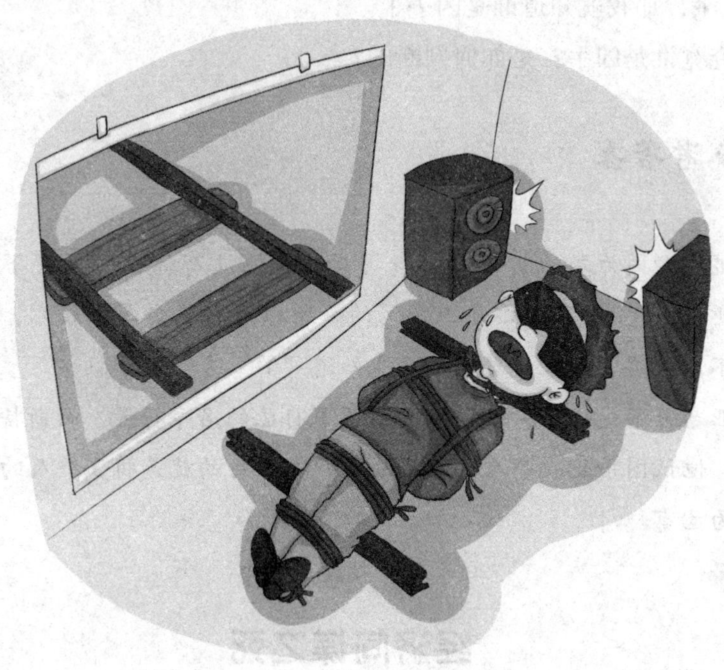

定是这帮家伙的圈套。过了一会儿，前方出现了灯光，并且隆隆的声音逐渐向这边靠近，是列车来了。虽然极力挣扎，但是身子就是不听使唤。最后只听到一声绝望的惨叫，佐佐木的人生结束了。

两小时过去了，佐佐木的尸体在某商店的停车场上被发现了，更让人意外的是死因是猝死。

佐佐木确实不是被列车轧死的。这究竟是怎么回事呢？

参考答案

佐佐木是由于看到立体电影后心脏发生梗死而死的。

原来W公司设计了一个人造景观：布景房间一片漆黑，白色的屏幕墙壁上出现了放映机放的铁路。由于被迫戴上了立体眼镜，所以看上去就是一列火车逼近了佐佐木。而所听到的声音也是从屏幕后的扬声器传来的。

本来就生性狭隘，心眼也小，胆小怕事，加之有先天性心脏病的佐佐木以为真的要死了，由于惊恐过度发生了心脏肌梗死。

罗斯福智破谜案

也许你并不知道美国大名鼎鼎的总统罗斯福也曾做过私人侦探。

某个深冬的寒夜，考古学博士卡恩给罗斯福打来了电话。“罗斯福先生，我这里出现了小偷，偷走了古代玛雅文明的黄金假面！我的秘书已经在去接您的路上了，请您来我这里一趟。”

大概两小时后，一位自称是博士秘书的年轻人开车来到罗斯福家，罗斯福立即上了汽车。年轻的秘书开始向侦探叙述起事情的起因：“小偷偷走的物件是卡恩博士为了研究从亿万富翁 W 氏那里借来的，它是从墨西哥的尤卡坦半岛古代的玛雅金字塔里发掘出来的。”

公路上颠颠簸簸，耗费了足足 90 分钟，到达目的地时已经是深夜 11 点了。

秘书把罗斯福请到了客厅里等待，并说：“博士应该在二楼的研究室，我去请他下来。”说完，就上楼去了。罗斯福刚刚坐稳就听到楼上传来的尖叫声：“不好了，博士死了，博士自杀了！”

罗斯福紧随声音，飞奔到二楼，发现屋内的天花板上吊着一根绳子，博士的头颈套在里面，用来垫脚的椅子倒在脚边。室内家具极其朴素，只有写字台、书橱和一张简易木床，上面铺着电热毯，别无其他陈设。

“他也许是因为黄金假面被盗而十分自责，畏罪自杀的吧？”秘书说道，脸色吓得苍白。

罗斯福摸了摸博士的手和脸庞，说道：“嗯……尸体还没有凉。”他感到奇怪，“室内温度并不高，可是这么久了，死者的温度怎么基本没有改变，就像活着时一样？”

“也许是我们回来之前自杀的吧！”

“根据体温，我猜测死者是一小时之内死亡的。”

罗斯福想，也许博士会留下遗嘱，于是连忙翻博士工作服的口袋，但发现还有半块用锡纸包着的已经融化的巧克力。他看着巧克力许久，终于，所有的谜团都解开了。罗斯福指着秘书说：“你就是杀人凶手！在你接我之前，你已经将博士杀死，然后再让他伪装上吊自杀。由此看来，黄金假面就是你偷走的。”

秘书见诡计败露，只得乖乖自首。

罗斯福是如何看穿秘书就是凶手的呢？秘书又是怎样杀死博士的呢？

参考答案

凶手杀死博士，并且伪装成博士自杀的假象，并且用电热毯包住尸体，待到一切办妥之后才去接罗斯福侦探。

经历了 90 分钟的路程后，秘书才与罗斯福一起回到研究所。秘书回去后，先引侦探去会客室，接着自己上了二楼把电热毯取下。所以即便是死去了 3 个小时，尸体会被保温，不会变凉。侦破点就是放在博士衣服里的巧克力，它因为变暖而被熔化了，因此，秘书的诡计被识破了。

大杨树作证

贝利要出国办一件很重要的事情，可能要去很长时间，于是就把家里所有贵重的珠宝都放在一个首饰盒里寄放在好友莎拉那里。

6 个月后，贝利出差回来。他来到莎拉家，想取回自己的珠宝盒子，可莎拉说：“什么盒子？我怎么从来没有听说过呀？再说，这么贵重的东西你怎么可能放在我家里呢？”

“你……你……大概半年前，我不是把一个珠宝盒交给你了嘛，就在那棵大杨树下！”

“什么大杨树？我从来没有到过那里。”

贝利见此状后明白，莎拉想要赖账，所以他请了艾尔玛探长前来帮忙。

莎拉见到探长后还是说："我真的不知道他所说的盒子是什么。"

探长便问贝利："你还记得在什么地方把盒子交给她的吗？当时还有别的证人吗？珠宝有没有清单？"贝利把清单的副本交给探长，然后说："我给她首饰盒子时，旁边没有其他人。不过，我是在一棵大杨树下给她的。"

过了一会儿，探长命令一位办事员："你去那个树下，告诉那棵树，我要它来这里作证。"

等了好久，那个办事员还没回来，探长不耐烦地说："这办事员真是会耽误时间。莎拉，那棵树离这有多远？"

"探长，还早呢！那棵树离这里有 5 里远呢。"莎拉说道。

探长说："哦，原来是这样子啊，那我们就没必要请杨树来做证人了，我判定就是你拿了那个盒子。"

探长是凭什么判断莎拉拿走了珠宝盒呢？

探长叫办事员把大树叫来作证，是故意给莎拉看的，在她放松警惕的时候，再随便诱导她说些什么，找出破绽。莎拉坚称自己没去过那棵树下，却说"那棵树离这里有 5 里远呢"。她只是贪图那些珠宝不想归还而已。

神秘的阳台

莎拉一直期待哈代博士邀请自己去他家做客，因为她认为这个名侦探的家应该和福尔摩斯旧宅一样，充满神秘，充满惊险，是一个探险之旅。

这天晚上，莎拉终于实现了愿望，但是这个侦探的家位于六楼的最顶端的公寓，简直破烂至极，一点也不像名侦探的家。

哈代博士觉察出了莎拉的失望，便对她说：“莎拉小姐是不是觉得我的家也会像大侦探摩尔摩斯那样应该有神秘的来客、妖娆的女郎，再或者是有杯被下了药的白兰地？可我倒是接到了一个极普通的电话，要我回房间来等一位客人。请吧！”

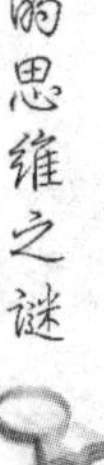

当他们来到门口时，哈代博士找出钥匙并补充一句道："不过，你很快就会看到一份非常重要的文件，它已经让不少人为此丢了小命，没准有一天它会左右历史。"

说着他们进了屋，还开了灯。灯亮时，莎拉大吃一惊，房子里站着个人，他手里拿着手枪，并且稳稳地对着他们。

"马科斯，"哈代喘着气说，"我以为您在柏林呢！您找我有事吗?"

马科斯低声说："那份关于新式导弹的文件，我觉得还是交给我比较好。"

"真见鬼，这回我非要跟旅馆老板算账不可！"哈代狠狠地说，"这可是连续两次有人从我这个阳台上钻进我家来了。"

"阳台?"马科斯好奇地问，"我不是从阳台跑进来的。我有万能钥匙。我是走大门进来的。"

"那根本就不是我家的阳台！"哈代气愤地说，"阳台是属于隔壁家的，但是一直延伸到我家的窗户下。这个月已经有小偷从隔壁爬进我的房间了，旅馆老板答应把它拆掉，可一直没动手。"

马科斯挥挥手枪命令莎拉坐下，并对哈代说："我想，我们应该尽快解决所有问题。你把文件给我，我今晚一定要带它走。"

马科斯话音未落，忽然门口传来"嘭嘭"的敲门声。

"谁啊?"马科斯吓了一跳。

哈代笑了笑说："应该是警察吧。为了这份文件，我还叫了警察来帮忙。"

马科斯开始焦虑，摸着头发，敲门声再次响起。

"你准备怎么办，马科斯?"哈代接着说，"门并没有锁上。如果我不开门，他们闯进来会毫不犹豫开枪的。"

马科斯生气极了，一边向窗口靠拢，一并试图推开窗户，并已经把一只脚伸向茫茫的黑夜。"想办法让警察离开！"他警告道，"我在阳台上等着，否则……"他攥了攥手中的抢。

“嘭！嘭嘭！”门外一个声音在急促地喊道：“您在吗，博士先生！”

马科斯的枪对准了哈代博士，另一只手按在窗沿，把身体歪向了窗外，最后火速地跳了下去。接着是一声惨叫，最后一切又恢复了平静。

门开了，一个服务生端着两杯咖啡进来：“这是您的，先生。”说罢，他把托盘放在桌上，离开了房间。

莎拉身体发抖，望着侍从的背影。“可是……可是……警察呢？”

“警察？哪有什么警察！”

“那阳台上的那个家伙怎么办呢！”莎拉还在担忧着。

“他再也不会回来了。”哈代端起咖啡喝了一口，“因为……”

因为什么，你知道吗？

参考答案

窗外根本就没有阳台，这是哈代的诱导术。他让马科斯误认为窗外有阳台，又假装警察就在外面而让他自己坠楼身亡。

遭窃的手机

这天是双休日，张女士兴冲冲地打扮好了，和丈夫一起乘车到一家超市购物。

双休日出行购物的人特别多，上车的时候，你贴着我我贴着你。上车以后，张女士突然想起一件事，于是想取出手机打一个电话。可当她伸手要去拉开挂在肩上的皮包拉链时，不由得愣住了，她发现皮包已经张开了口。仔细一看，手机和钱包都不见了。

这时候她的脑海里急速地回忆着前面发生的事情。她想起自己等车时还用了手机，上车时感觉人特别多，还特意将自己的皮包紧紧地夹在胳肢窝下面。看来可能性只有一个：这车上有窃贼。

张女士明白，现在的小偷都是团队作战，而且一般都带有凶器，如果大喊大叫，肯定不会有好结果。于是，她悄悄地在丈夫耳边耳语数句，然后装作陌生人，走到车的另一边，接着，丈夫偷偷拨打了110报警。

这辆公交车行驶不远，还没有到下一站，只见一辆110警车突然拦在车前面，几位巡警上了车。

可是一个难题摆在面前：不能耽误大家的时间，应快速找到偷手机的人。

这时候，张女士采取了一个很简单的办法，使小偷很快暴露了出来。

这是一个怎样的简单办法？

张女士用丈夫的手机，向自己的手机打电话，只听到一名西装革履的中年男子怀中的手机响起了一阵和弦音乐声。张女士一听自己设置的熟悉的音乐声，用手一指："是他，就是他偷了我的手机！"

巡警当即按住了这个中年男子，果然从他身上搜出了张女士的手机。

手指暗示的凶手

一天晚上，一名女子被杀死在公园里。女子生前用尽最后的一点力气，将手指指向离自己不远处的一个喷泉。

警方接到报案后，迅速封锁了案发现场。很快，便找到了3名嫌疑人。三人和死者都认识。一个是照相馆老板，一个是卖香槟酒的老板，还有一个是水族馆的老板。3 个人都不承认自己杀害了那名女子。但警察明白，女子的手一定是想告诉别人什么。

这三人中谁是凶手呢？

参考答案

卖香槟酒的老板。香槟酒打开时就像是喷泉一样。

提包里的一把手枪

一辆公共汽车正在道路上行驶，突然，车上的女乘务员对大家说道：“我捡到一个提包，里面有很多钱。请问这只提包是谁的？”

这时候，车厢里的乘客都面面相觑，没有人应答。过了好一会儿，一个身着前卫的年轻人站了起来，非常有礼貌地说：“您好，包包是我的，里面是我刚从邮局里取的稿费。”

女乘务员打量了一下小伙子，说：“请你看清楚了，这只包一定是您的吗？”

小伙子停顿几秒，煞有介事地看了看提包，然后说：“就是我的。”

女乘务员心中起了几分怀疑，便开包看了看，忽然说道：“那么，这个提包里的那把手枪也是您的？”

“啊！有手枪？”小伙子惊慌失措道，“不是，它不是我的！”

这时候，满车厢里的人都瞅着年轻人；年轻人羞愧得低下了头。

提包里真的有手枪吗？

参考答案

这是女乘务员设下的一个局，为的是要引诱出小伙子的真话。他是在对方猝不及防的情形下，将此作为一种分辨真假的工具。

追寻劫匪

一个冬天的夜晚，两名巡警正在路上巡逻。突然听到呼救声。巡警跑过去，看到一个男子正在抢劫一个女子的财物。巡警大喝一声。劫匪见是巡警，扭头就跑。两名巡警相对一视，心领神会。他们一个去帮助受害女子，一个去追劫匪。劫匪拼命地跑，巡警紧追不放。他们跑了有半个小时。巡警的身上都开始冒汗了。突然，劫匪竟钻进地铁站入口，消失了。巡警跟进来，直跑到站台上。

此时，站台上有 6 个人正在等地铁。巡警乍看上去，感觉和劫匪都很像。一个人裹着大衣坐在座位上，还瑟瑟发抖。有两个人正在交谈着。一个人在看当天的晚报。一个人在原地跑步。一个人正着急地张望着地铁。巡警观察了一下，走到劫匪背后，一把将他抓住了。

站台上的哪个人是劫匪呢？

劫匪是那个原地跑步的人。他想通过跑步掩盖他刚才逃跑的喘气声。

年轻富翁的死因

年轻富翁马福尔突然死在了家中。马福尔除了有位漂亮的太太，家中还有一个保姆。警察查看了马福尔的家，然后叫来马福尔太太和保姆询问情况。

马福尔太太说：“今天一上午，我就出去和几个好朋友购物去了。当我回来时，看到马福尔已经死了。我知道他有心脏病。他会不会是因为突发心脏病……”说着，马福尔太太哭泣起来。

保姆说：“早上，马福尔先生吃过早饭后，就独自一人在院子里乘凉。不一会，他居然睡着了。他梦见自己赚得了很多的钱财，还和夫人一起登上月球。我冲了一杯咖啡送去给他喝。可当我走到他面前时，发现马福尔先生已经死了。”说完，保姆也哭了起来。

她们两人谁在撒谎？

参考答案

保姆在撒谎。既然马福尔已经死了，她怎么会知道马福尔做的梦呢？

烟 头

埃格勒是一位画家。他原来只是一个平凡的美术师，经过几年刻苦磨炼，终于成为驰名天下的画家。埃格勒非常勤奋，这么些年来，只要一有空，就拿出画板画笔，叼上一根香烟，笃志画画。他的烟瘾很大。虽然吸烟使他老是咳嗽，但是他认为自己若是不吸烟，创作就没有灵感了。

埃格勒出了名以后，他的办公室和家里的电话整天铃声不停，一会儿电视记者来找他采访，一会儿画展开幕要他去剪彩，一会儿美术协会请他去议事，他忙得焦头烂额。

星期天上午，埃格勒刚刚起床，电话铃又响了，对方说：“不好意思，打扰您，我是人寿保险公司的业务员，想占用您一点时间……”埃格勒对保险不感兴趣，最腻烦保险推销员了。不过作为名流，他也不能显得没规矩啊，就说：“很对不起，我现在没有空。”对方不等他挂电话，赶快说：“那我下午来，只用您两分钟。再见！”

埃格勒摇摇头，刚挂上电话，电话铃又响了，他拿起话筒气愤地说："我下午也没有空……哎哟，是老朋友啊，下午有空有空，我等着你！"原来，这次打来电话的，是他的一位老朋友，以往他们每每在一起抽烟谈天。

就在这天下午，画家被人杀害在家里。摩恩探长来到屋里，发现烟灰缸里有一堆烟头，房门口有一支吸了一半的烟头。他知道，下午来过两个人，一个是保险公司的推销员，一个是画家的朋友。他马上推测出谁是犯罪嫌疑人了。

你能推测出谁是凶手吗？

参考答案

是推销员。因为要是画家的老朋友，他们在一起抽烟，没有必要在门口把烟头掐灭。

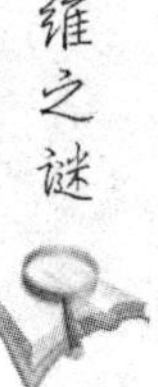

住在205舱的客人

玛丽号游船航行在大海上，遇上了特大风暴。游船在风浪中东摇西晃，宛如一只大摇篮，一下子冲上浪尖，一下子又跌进浪谷。游客们都受不了啦，扶着栏杆哇哇呕吐。福森特探长躺在床上，两手紧紧抓住床栏，才没有滚到床底下去。

到上午10时，风浪停了，游船才安稳下来。船长立刻指挥水手，查看游船的配置。服务生们来到各个船舱里，给游客们送上早饭。但是福森特探长什么都不想吃，他倒头继续睡，不明不白听到"砰"一声响，以为暖瓶摔碎了。紧接着船长冲进来说："发生了枪杀案，请您帮助勘察！"

被枪杀的是205舱客人。探长先从相近客舱开始观察。204舱住着一个中年人。他说：“刚才风浪太大，我小便一直憋着，等到船不晃了，就赶紧往厕所跑。枪响的时间，我正在厕所里。”

206舱住的是个作家。他说：“我在写一本侦探小说，出版商等着要。我写了一个通宵。刚才正写到紧急关头，突然听到枪响。”他拿出一沓书稿，上面的一行行字整齐划一，密密麻麻。

探长又来到203舱，这里住着一位年轻人。他吞吐其辞地说：“我刚才……路过207舱，望见门开着，桌上有一个钱包，我拿了就溜，这时听到枪响……”他张皇失措地交出钱包。

船长说：“我们再去207舱看看吧。”福森特探长说：“我看就不用再查了，嫌疑人就在这里。”

福森特探长认为谁是犯罪嫌疑人呢？

犯罪嫌疑人是206舱的作家。因为在船摇晃的环境下，他是不能写出整齐划一的字的。

救护车停在路中央

福森特探长来到警察局，准备查找一份资料，突然接到报警电话：“中间银行闯进来3个蒙面匪徒，抢走了几十万现金，然后开车逃走了。”他马上和警察们一起，用最快的速度，冲出办公室，跳上了警车，向中间银行驶去。

一路上，行人和车辆听到警笛声，纷纷避让，眼看就要到达目的地了，却听到前面传来警笛声，不过那是一辆救护车发出的。

探长看到救护车停在路中间，左右围了许多人。他跳下警车一打听，原来刚才有个男子，不服从交通规则，乱穿马路，被卡车撞得头破血流；恰好这辆救护车路过，人们就把救护车拦下来，想把伤员送到医院去。但是救护车上跳下来一个大夫，说他们要赶着去救别的一个病人，不肯救这个男子，于是在马路上争论起来。

福森特探长马上对大夫说："救死扶伤是大夫的责任，再延误下去，病人就要没命了。快把伤员送到医院！"大夫没有二话，招招手，救护车又跳下来个大夫，把伤员抱上担架，推进了救护车，关上车门，拉响警笛开走了。

警车继续前进，探长却还在挂念着那个伤员，因为在关车门的一刹那，他望见伤员的头朝外，脑袋还在流着血。救护车能不能及时赶到医院呢？伤员能不能抢救过来呢？

突然，福森特探长大喊一声："我们被骗了！"他马上调转车头，去追赶那辆救护车。

福森特探长为什么要追赶救护车呢？

参考答案

救护车救护伤员，按规定应该把伤员的头朝里、脚朝外，救护车上的大夫却弄反了，说明大夫是冒充的。实际上救护车上的"大夫"便是案犯。他们抢劫银行以后，冒充大夫开着救护车逃跑，却被福森特探长看破了。

继承遗产的人

保罗策划一家农场多年，膝下无子。在生命垂危之际，他立下遗

嘱，并让律师帮他寻求失散多年的弟弟。在此之前，律师从来没有听说过保罗还有一个弟弟。保罗说，自己和弟弟是在12岁时分别的。他曾经派人寻找过，但一直没有找到，现在自己生命将尽，唯一的愿望便是找到弟弟，承继自己的遗产。

时间紧急，律师无奈之下，只能先在报纸上登一份寻人启事。没过几天，就有许多老人找上门来，都说自己是保罗失散已久的弟弟。律师统计了一下，一共有15位老人。那么，到底哪个才是保罗的弟弟呢？

律师和15个老人分别交谈以后，很快就知道了哪个是保罗的弟弟了。他带着这个老人，火速赶到农场，见了保罗最后一面，并很快为他办妥了继承手续。那么，律师到底是怎么认出保罗的弟弟呢？

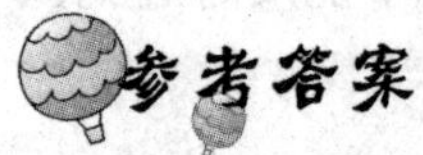

参考答案

保罗和弟弟在12岁时分别，弟弟是12岁，保罗也是12岁，这证明保罗和弟弟是双胞胎。双胞胎纵然是到老，依然很相像。所以律师很快就找到了保罗的弟弟。

藏匿凶器的地方

卡尔警长一大早接到报案，本市最著名的富人区发生了一起行刺案。卡尔警长带着部属赶到案发现场—半山腰的一栋豪华别墅。死者是著名的富商莎朗小姐。她的遗体是早上被佣人发现的。

追随卡尔警长来的法医随即对死因进行勘察，经证实莎朗小姐是被人用细绳一类的东西勒死的。警长的部属找遍了整个住宅，也没有发现类似的凶器。警长判断大概是凶手杀人后，带走了凶器。

一个年轻的警官突然看到了墙上的一张奖状，那是莎朗小姐得到的。警官说：“原来她近来还加入了美发小姐的比赛，并且获奖了。真是令人惋惜啊。”听见部属这样说，卡尔警长不禁打量起这张照片来，没过多久，警长突然大喊道：“我知道凶手把凶器藏在什么地方了。”

那么，凶器到底藏在什么地方呢？

参考答案

其实。凶器便是去世者莎朗小姐自己的头发，凶手是将莎朗小姐的长发捉成一束，缠绕在她的脖子上，将她勒死以后，再将长发弄散，这样警察自然找不到杀人的凶器了。

小偷的诡计

马特在一个繁华的小区附近开了一家小型超市。一天早上，来了一个顾客。不久，马特就发现自己的收款机里的300元钱不见了。他马上调出监控录像，录像显示，正是自己去货架上取东西的时候，那个顾客将收款机里的300元钱拿走了。

马特赶紧报案。这个小偷走出超市以后，在附近的一个邮筒边站了一会儿，抽了根烟，望了望超市门口，随后就离开了。

警察到了马特师傅的超市，提取录像看了一下，但因为录像很模糊，他们基本上没法辨识小偷的脸孔，只能靠马特师傅描述，然后进行搜捕。不久以后，警察就在街上抓住了一个和马特描述中差不多的人。但是搜遍他浑身上下，也没有发现钱的踪影。因为没有足够的证据，警察只得罢手。

住在小区里的一个大叔来到马特的店里说："如果你想找到你的钱，我建议你先和邮局取得联系，让他们检查看看是否有夹带钞票的信件。"

马特向警察说明了此事。于是，他们联系邮局，果然在本市的信件中找到了夹带钞票的信封。并且，按照信封的地址找到了小偷的家，将小偷逮捕了。

那么，大叔为什么会提出这个建议呢？

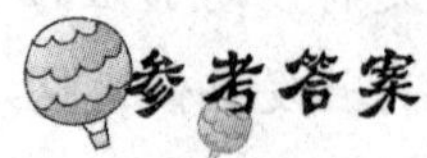

参考答案

大叔住在小区里，他并不知道那天早上待在小区邮筒旁边抽烟的人就是小偷，因为听说了马特店里被盗的事情，前后联想了一下，做了相关推测。结果就像大叔推测的那样，小偷果然是将偷来的钱装进了信封，邮寄回自己家里。

越狱的妙招

在洛杉矶的一所监狱里，关押着一个行刺警察的犯人小 K。其实，小 K 是被冤枉的，他并没有行刺警察，只是全部的疑点都对他不利，最终因为没有找到开脱怀疑的证据，小 K 被判无期徒刑。

在监狱里待着，小 K 每天想的问题便是怎样出去；找出相关证据，还自己一个清白。然而，自己身处的这间监狱是关押重刑犯人的，铁门铁窗，出去的确比登天还难。

然而，有一天早上，警察举行犯人登记的时间，小 K 却不见了。囚室的窗户已经被锯断，有一只小钢锯摆在窗台上。原来小 K 已经逃走了。狱警虽然做了细致观察，但也无法知道这枚小钢锯是怎样到小 K 手里的。小 K 的老婆每次来看他的时候，会送一些东西，但是都是经过仔细检查的，所以小钢锯说不定是他老婆送进去的。

那么，这把锯子到底是怎样到小 K 手中的呢？

参考答案

小 K 的妻子每次来监狱探望他的时候，都会带着小 K 在被捕前一直饲养的鸽子。在到达监狱的时候，她会将鸽子放走。与此同时，小 K 会在监狱的窗台上放一些面包屑和饭粒之类的食物，鸽子经过窗口，都会停下来吃。经过多次练习，鸽子已经能够自己找到小 K 的窗口。于是，妻子就把这枚小锯子绑在鸽子的腿上，带给了小 K。

鸵鸟的死亡之谜

东京的某动物园里从非洲运来了几只鸵鸟，鸵鸟的到来让动物园特别热闹。但是没过几天，这几只鸵鸟就被人杀害了。杀手的伎俩非常狠毒，不光杀了鸵鸟，还将它们开膛破肚，而且还切开了它们的胃。

动物园的园长立刻报警。三上警长带着助手赶到，对现场举行勘察。三上对园长说，他怀疑杀害鸵鸟的人是动物园内部的管理人员。但是，他为什么要切开鸵鸟的胃呢?

带着这个疑问，三上去讨教了鸟类学博士。他问博士："鸵鸟的胃部和别的鸟类胃部有什么不一样吗?"

博士告诉他，鸵鸟的胃部很特别，因为它没有牙齿，吃东西只能整个吞下，所以，鸵鸟常常会吞食一些小石子来弄碎食物，这些小石子可以在鸵鸟的胃里停顿很长时间。待博士讲完以后，三上警长赶回动物园，从园长那边打听到从非洲运回鸵鸟的人正是动物园的一个管理人员，名叫佐木。

三上赶到他家里，对佐木说："你为什么要杀害鸵鸟?"

佐木闻言脸上变色，但依然辩解道："我并没有杀鸵鸟。"

三上突然拿出一张纸说："你别诡辩了，这是我们去金饰店侦查的时老板的口供，所以你还是快点坦白吧。"

闻听此言，佐木低下了头，承认了自己的恶行。

那么，佐木到底在鸵鸟的胃部藏了什么呢?

参考答案

原来，佐木是用鸵鸟的胃来做钻石运输的。他将钻石藏在鸵鸟的胃里，这样到了海关，就不会被查出来。到了动物园以后，他又寻机杀死鸵鸟，取走钻石，卖给了金饰店的老板。